经典名著
必读丛书

名师点评 权威导读

森林报·春

【苏】维塔利·瓦连季诺维奇·比安基 著
曹晓花 导读

沈阳出版发行集团
沈阳出版社

图书在版编目(CIP)数据

森林报. 春 / (苏)维塔利·瓦连季诺维奇·比安基著;
曹晓花导读. — 沈阳: 沈阳出版社, 2017.6
("汇·读"新课标经典名著必读丛书)
ISBN 978-7-5441-8463-2

Ⅰ.①森… Ⅱ.①维… ②曹… Ⅲ.①森林—少儿读物
Ⅳ. ① S7-49

中国版本图书馆 CIP 数据核字(2017)第 141384 号

出版发行:沈阳出版发行集团 | 沈阳出版社
(地址:沈阳市沈河区南翰林路 10 号 邮编:110011)
网 址:http://www.sycbs.com
印 刷:山西三联印刷厂
幅面尺寸:170mm×240mm
印 张:9.5
字 数:160 千字
出版时间:2017 年 7 月第 1 版
印刷时间:2017 年 7 月第 1 次印刷
责任编辑:李 峰 张 晶
特约编辑:秋 阳
总 策 划:陈 军
装帧设计:李英伟 秋 阳
责任校对:赵彦秋 崔宁宁 孙 媛
责任监印:杨 旭

书 号:ISBN 978-7-5441-8463-2
定 价:19.80 元

联系电话:024-24112447 024-62564926
E-mail:sy24112447@163.com

前言

阅读，是一种心灵的活动；阅读名著，则是经历一次次精神洗礼的过程。

古人云："万般皆下品，唯有读书高。"从中，我们可以强烈地感受到古人对读书的重视。

"读万卷书，行万里路"，不只强调要博览群书，更强调要有广泛的社会实践；其实，读书本身就是一次奇妙的心灵旅程，读过万卷书后，心灵行走的距离远远超过了"万里路"的行程。

"吾生也有涯，而知也无涯"则道出了生命有限与知识无极的对立。是啊，知识是无边无际的，全世界每天出版的图书就有几万，甚至十几万册。一个人无论多么勤奋，他的时间和精力都是有限的。因此，人，永远无法学完或通晓所有的知识。所以，我们一定要选择对我们最有益的书来读。

在所有有益的书中，经典文学名著是非读不可的。为什么这样说呢？是因为那些经过岁月磨砺而留下来的文学作品，都是对真、善、美最好的诠释，它们像良师益友一样会让我们获益匪浅；读这样的作品，会让人仿佛沐浴在温暖的春风里，使人心旷神怡；读这样的文章，会让人获得精神上的快乐，使我们领悟到快乐的真谛！青少年，正处于人生观、价值观形成的特殊时期，通过阅读文学名著，来学会思考和判断，最终走上追寻美与真理之路，就显得尤为重要。

为此，在浩如烟海的文学著作中，我们从中精心挑出近四十部中外名著，而这些著作，也是"新课标"指定的必读经典篇目；其中不少著

前言

作，都在现行中小学课本中出现过节选，如《西游记》《骆驼祥子》《呼兰河传》《钢铁是怎样炼成的》等。如今，我们将原著或精简之后的作品呈现给大家，就是想要让大家尽可能地读到原著或了解原貌，为大家在学习课文方面助一臂之力。

本套丛书取名为“汇·读”，绝不单纯为取“会读”之谐音，而是有着更深的内涵：“汇”，汇聚了作者介绍、写作背景、文学作品本身的价值、阅读方法，以及与作品相关的趣闻逸事等，通过汇聚最全、最真、最权威的内容，让读者在最经济的时间内收获关于作者、作品最丰富的信息量；“读”，通过对作品的旁批、注释、注音等，在助读、导读等形式推动下，让读者在无障碍阅读中，轻松、愉快地领略文学名著的魅力。因此，“汇·读”一词，体现了编者的匠心独运及良苦用心，是此套丛书的特色所在，更寄托着编者对它的期望。

愿此套丛书的出版，可以帮助广大青少年读者提高语文学习的兴趣，提升语文阅读的能力。如果从更深远的意义上来讲，希望读者朋友们在阅读名著的过程中净化心灵，找到自己人生的航标。

聂闻

2016年6月

目录

阅读期待

阅读准备

阅读过程

冬眠苏醒月(春天第一月)

候鸟返乡月(春天第二月)

目录

阅读期待

亲爱的读者，非常感谢你选择“汇·读”《森林报·春》。在开始阅读这本书之前，你一定对它充满了期待。

期待，是一种美好的寄托；期待，是所有前行的动力；期待，是一种甜甜的幸福；期待，更可以提高我们的阅读质量。

现在，就让我们在期待中开启这本书的阅读之旅吧！

你最大的阅读兴趣是什么？

____

你为什么要选择这本书？

____

最初看到这本书的书名时，你认为这本书可能是一本什么样的书？它的主要内容可能是什么？它可能会讲述怎样的一个故事？

____

____

关于这本书，你以前知道它的哪些内容？

____

____

阅读这本书，你想从中读到哪些内容？

____

____

阅读这本书，你想从中收获什么？

____

____

阅读准备

作家介绍

维·比安基(1894～1959),苏联著名儿童科普作家和儿童文学家。他曾经在圣彼得堡大学学习,1915 年应征到军校学习,苏维埃政权建立后,在比斯克城建立阿尔泰地志博物馆,并曾在中学当老师。

维·比安基出生在一个养着许多飞禽走兽的家庭里。他的父亲是俄国著名的自然科学家。他从小就喜欢跟着父亲到动物博物馆去看标本,还跟随家人到郊外、乡村或海边去生活。这些生活经历使他养成了观察、积累、记录大自然的习惯。通过记日记,他积累了丰富的创作素材并产生了强烈的创作愿望。

1923 年,维·比安基成为彼得堡学龄前教育师范学院儿童作家组成员,开始在杂志《麻雀》上发表作品,仅 1924 年一年的时间,他就创作发表了《森林小屋》《谁的鼻子好》《在海洋大道上》《第一次狩猎》《这是谁的脚》《用什么歌唱》等多部作品集。比安基一生共创作了三百多部童话、中篇、短篇小说集,主要有《林中侦探》《山雀的日历》《木尔索克历险记》《雪地侦探》《少年哥伦布》《背后一枪》《蚂蚁的奇遇》《小窝》《雪地上的命令》,以及动画片剧本《第一次狩猎》等。

比安基从事创作三十多年,以擅长描写动植物生活的艺术才能、轻快的笔触、引人入胜的故事情节进行创作。《森林报》是他的代表作。这部书自出版后,连续再版,深受少年朋友的喜爱。维·比安基因此被誉为"发现森林第一人""森林哑语翻译者"。

内容提要

《森林报》，顾名思义，报道的是发生在森林里的事，是关于森林里飞禽走兽的事。

《森林报》是苏联著名科普作家维·比安基的代表作。不要以为只有人类世界才有很多新闻，其实，森林里的新闻一点也不比人类的少。在大森林里，动植物们有着它们自己的欢喜悲愁，它们每天都在经历着生存与毁灭、斗争与互助。而作者维·比安基以其擅长描写动植物生活的艺术才能，用轻快的笔调，采用报刊形式，按照春、夏、秋、冬四季12个月，有层次、有类别地报道森林中的新闻，描写森林中愉快的节日和可悲的事件，刻画森林中的英雄和强盗，将大自然中丰富的生活表现得栩栩如生，引人入胜。

同时，作者还告诉人们应如何去观察大自然，如何去比较、思考和研究大自然的方法。《森林报》中的知识就是这样丰富，它成了知识的海洋，可以说，许多关于大自然的奥秘，都可以在这里找到答案！

本书是《森林报》的第一本，春季，是万物复苏的季节，是充满生命力的季节。一切，都是崭新的、充满活力的。那么，《森林报》里的春天是什么样子呢？打开本书，你就能找到答案。

旧事掠影

维·比安基受自然科学家父亲的影响，从小就喜欢动植物，并写过大量的观察日记，对大自然充满了高度的热情，这为他日后的创作奠定了坚实的基础。

和一般的动物小说不同，比安基的动物小说更具故事性和趣味性，更富有童话的色彩，更贴近儿童的审美情趣。一方面，他笔下的动植物的种类，比一般动植物小说涉及的种类要广泛得多。另一方面，在写作特点上，比安基的动植物小说也接近于百科知识，或者说科普童话。他注重细节的刻画，笔下的动植物栩栩如生，使人感觉就像在用显微镜观察动植物。因此，比安基的动植物小说被人们誉为“动植物的百科全书”。而且，比安基的创作意识很强，许多故事的创意和策划都别具一格。

总的来说，维·比安基的动物小说更儿童化，儿童文学气息更浓，诙谐可爱，寓教于乐。在他的笔下，森林里的乐趣无穷多，每个小动物都有自己的生活方式，在一年四季中演绎着别样的人间烟火。这些可爱的小生灵们似乎就是成天打闹的隔壁邻居，亲切可爱。

写作手法

《森林报》在字词、语句上的修辞技巧，种类繁多，包括比喻、象征、夸张、排比、对偶、烘托、拟人、用典等等。比如在写“林中大战”时，作者将云杉比作一个个英勇的战士，把它们的种子比喻为一架架小型滑翔机，用报道战争的口吻，讲述了云杉树传播种子的方式和过程。

文章表现手法的丰富多彩，是《森林报》的一大特色，既有借景抒情、托物言志、抑扬结合、象征，也有烘托、伏笔、照应悬念、实写与虚写等。作者维·比安基是一个讲故事的高手，比如在写几次狩猎这件森林中的大事时，作者就各种表现手法交替使用，使得猎人的形象栩栩如生、深入人心，而整个狩猎过程又曲折生动、趣味无穷。

《森林报》中频繁地使用到的写作手法就是细致入微的细节刻画。细节描写是指抓住事物细微而又具体的典型特点和情节加以生动细致的描绘。恰到好处地运用细节描写可以起到烘托环境氛围、刻画人物性格和揭示主题思想的作用。《森林报》中生动细微、栩栩如生的细节刻画可以说是无处不在，正是因为这些细节性的捕捉与刻画，才让读者看到了奇妙、美丽、珍奇的小动物和森林物种。比如在写森林音乐会时，作者花费了大量的笔墨来描写动物们唱歌、跳舞时的情景，燕雀一展清脆的歌喉，甲虫和蚱蜢是提琴演奏家，啄木鸟会用嘴打鼓，黄鸟还会吹笛子呢。在作者笔下，这些可爱的精灵们仿佛真的成为了技艺高超的演奏家和舞蹈家。

阅读方法

《森林报》是一本科普读物，里面涉及了许许多多自然界的知识，相对于阅读小说和散文，读懂一本科普读物就需要更多的精力。因此，在阅读科普读物时，阅读者一定要主动、再主动、更主动，这样才能记住文中的相关知识。在阅读《森林报》时，就要不时地给自己提问题，以加强理解和记忆。比如，想知道森林里藏着什么秘密吗？是什么花儿在春天第一个开放？是什么鸟儿喜欢用尾巴唱歌？是什么动物在冬天产下宝宝？仔细阅读，就会在文中找到答案。

科普著作一般都采用归纳法，也就是从一个又一个的自然科学现象或者一个又一个实验中得出科学的道理。所以，在阅读中需要发现的，也是最需要得到阅读辅导的，就是这本科普读物到底为什么而写，得出了什么科学结论。《森林报》的作者维·比安基为什么要写《森林报》呢？他就是为了让人们认识自然、熟悉自然界动植物的生活。因此，他不厌其烦、非常细致地描写了森林里动植物的生活状态，比如鸟儿产卵、孵化、成长的过程以及很多人们不了解的动物的生活习惯，进而唤起人们爱护自然、保护自然的意识。可以说，《森林报》用诗意的语言讲述科普故事，是一部生动活泼的“森林百科全书”。

科普著作的内容一般而言，人们都无法亲身去体验、去感受。这些必要的特殊经验，只能从科普读物中获得。如《森林报》虽然写了许多人们身边的昆虫，但孩子们没有办法、也没有必要亲自建立自己的昆虫世界。因此，孩子们可以在字里行间进行想象与推理，站在维·比安基这个巨人的肩膀上，通过想象，丰富自己的知识积累。值得庆幸的是，与大多数科普读物缺少故事情节、不够刺激、不够吸引人不同，维·比安基的文笔非常优美。因此，《森林报》的阅读应该比阅读很多科学著作更轻松。

阅读过程

冬眠苏醒月（春天第一月）

第一部

1. 一年：12 个月的欢乐诗篇——3 月

2. 来自森林的第一封电报

3. 森林中的大事

4. 城市新闻

5. 来自森林的第二封电报

6. 来自森林的第三封电报

7. 乡村日历

8. 狩猎

9. 森林剧场

10. 全方位无线电通报

打靶场　第一次竞赛

公告　求租房间

一年:12个月的欢乐诗篇——3月

【阅读提示】

本篇以春天的到来拉开了全书的序幕。冰雪融化、山雀唱起了歌,作者以生动的口吻,为我们介绍了森林里动植物们喜迎春天的状态,一切都是崭新的,充满了活力。

【正文批读】

新年快乐!

3月21日——春分——白天和夜晚一样长:半天天上有太阳,半天是黑夜。今天,森林里庆祝新年——要转向春天了。

3月的世界——这里的人们都叫它温床。太阳开始驱赶冬天。积雪变松软了,灰色的雪块也出现了蜂窝般的孔洞,已经不像冬雪的样子了,它们投降了!一看颜色就知道,要消失了。从房盖上垂下来一根根冰柱,亮晶晶的,顺着上面流下水滴——一滴,两滴,三滴……形成一个小水坑——街上的麻雀兴高采烈地在里面扑腾,洗去翅膀上冬日的尘垢。花园里,响起了山雀银铃般的歌声。

春天会工作,积雪会做梦,拟人手法的运用,使文字充满了童趣与生命力。

春天飞来了,它展开欢乐的翅膀,开始了严肃的工作。第一件事就是要解放大地:一小块、一小块地把雪化开。这时,地面上的雪已经融开了,而水还在冰下面做着美梦。森林也在雪的覆盖下静静地睡着。

3月21日这天早晨,按照俄罗斯的传统,人们要做烤“云雀”吃——就是把小面包的一头捏成个小鸟嘴,放上两颗小葡萄当眼睛。这天,人们打开鸟笼,将会叫的小鸟都放到大自然中，飞鸟节就这样开始了。孩子们把心思完全放在这些长翅膀的小家伙身上了：往树上给他们挂小鸟巢——有椋鸟[①]的、山雀的，有的还做成树洞一样。为了给鸟儿做巢，他们还把树枝交叉绑到一起，又忙忙碌碌地为那些可爱的小客人准备免费的食物。在学校和俱乐部举行报告会，专门谈鸟类怎样保护我们的森林、田野、花园、菜地；我们应该怎样保护和欢迎这些活泼的小歌唱家。

3月里，小母鸡走出门就可以喝水了。

【探究思考】

1. 3月21日这天早晨，俄罗斯的传统，人们要做烤“云雀”吃，真的是要烤云雀吗？

2. 春天到了，孩子们在忙些什么呢？

【参考答案】

1. 不是真的要烤云雀吃，其实是烤面包吃，是把小面包的一头捏成个小鸟嘴，放上两颗小葡萄当眼睛。

2. 在树上搭鸟窝，在学校和俱乐部举行报告会。

①椋鸟（liáng niǎo）：一些重要的食虫鸟类，翅较尖，尾短而呈平尾状，习性大都为地栖性，有的为树栖、喜结群。叫声嘈杂，善仿其他鸟的叫声，有些种类在饲养条件下可学人语。

森林中的大事

【阅读提示】

春天到来的头一个月里，森林里发生了什么大事呢？看看，秃鼻乌鸦最先从南方赶回来了，兔妈妈生下了小宝宝，榛子树开了花，在外地旅行过冬的游客们也陆续回来了……

【正文批读】

来自森林的第一封电报

(来自我们的森林记者)

白嘴鸦打开了春天的大门

白嘴鸦打开了春天的大门。在所有冰雪初融的地方，都出现了一群一群的白嘴鸦。

白嘴鸦是在我们国家的南方过冬。它们急匆匆地往回赶——回到北方——回到家。在路上，它们不止一次地遭遇了暴风雪。成百上千的伙伴筋疲力尽，死在了半道上。

拟人修辞：生动细致地对白嘴鸦进行描写，“踱着方步”“用嘴刨泥土玩”充满了生趣。

第一批飞回来的是那些最强壮的。现在它们可以好好休息了。你看，它们踱着方步，雄赳赳，气昂昂的，正在用结实的嘴巴刨土玩呢。

遮满天空的厚厚的乌云飘走了。在蔚蓝的天空上飘浮着大朵的白云，仿佛一块块巨大的雪堆似的。第一批野兽宝宝出生了。麋鹿和牡鹿都长出了新犄角。森林里，金翅雀①、山雀和戴菊鸟一起唱起歌来。我们等候着椋鸟和云雀。我们找到了熊

①金翅雀：雌雄体形与麻雀相似，主要区别在羽色。雄鸟羽毛艳丽，背部褐色，腰金黄色，尾羽黑色，翅膀黑色并点缀金黄色斑，腹部灰黄色。雌鸟的黄色部分较雄鸟淡。

洞,它就在那棵被掘起的杉树树根的下面。我们轮流守候,准备报道它的到来。一股股融化的雪水在冰下面聚集。森林里到处都是滴滴答答的声音:树上的雪在融化。晚上,严寒重新把它冻成冰。

雪地里的宝宝

田野里还有积雪,可是白兔妈妈已经生下了小兔。

兔妈妈生的小兔们,都穿着暖和的小皮袄。它们刚出生,就已经会跑了。瞧,它们蹦蹦跳跳地来到妈妈身边,吃饱了奶就跑到灌木丛和树墩下面躲起来,乖乖地躺在那儿,不吵也不闹,虽然它们的妈妈已经跑得不知去向了。

通过比喻和动作描写,对小兔进行了外貌描写,重在表现小兔们的可爱和乖巧。

一天、两天、三天过去了,兔妈妈还在野地里到处乱逛,它太贪玩了,早把自己的小宝贝给忘记了,可是小兔们仍旧乖乖地躺在那儿。它们可不能乱跑:如果被老鹰看见,或者被狐狸发现,那可不得了啊。

瞧,妈妈跑过来了。不对,这不是我们的妈妈——是一位兔阿姨。小兔们跑到她跟前,仰着小脑袋:"阿姨,阿姨,喂喂我们吧!""行呀!来,吃吧,宝宝。"兔阿姨喂完它们,就蹦蹦跳跳地跑开了。

小兔们又回到灌木丛中躺着去了。这时候,妈妈在哪儿呢?原来呀,妈妈正在其他地方喂着别家的小兔呢。

兔妈妈们早就说好了:所有的兔宝贝,都是大家共同的孩子。不管在哪儿碰见小兔宝宝,都要喂它们奶吃。反正自己的宝贝,也有别的妈妈照顾。

你可能会想:这些没有父母照顾的小白兔怎么生活呀?其实,你一点儿都不用担心——它们穿着小皮袄,多暖和呀。兔阿姨们的奶那么香、那么浓,只要吮上一回,可以饱上好几天呢!

到了第八九天，小兔们已经长出了牙齿，可以一点点地吃草了。

第一只蛋

乌鸦妈妈是所有鸟妈妈中最先下蛋的。它的家就在高高的杉树上面，被一层厚厚的积雪覆盖着。天气太冷了！乌鸦妈妈很担心，蛋蛋可不要被冻破啊！自己的宝宝还在里面呢！它一刻也不敢离开自己的家，找食物的任务就落在了乌鸦爸爸的头上！

第一批花

第一批花出现了，不过，你在地面上却找不到它们——地面还被雪盖着呢。森林里，可以听到叮叮咚咚的水滴声了，有些沟渠里的水甚至已经漫到了沟沿。看，就在这里，在这春水上方，光秃秃的榛子树枝上，第一批花开放了。

这一章集中地运了比喻和拟人的艺术手法。灰色的小尾巴、像云彩的花粉、风儿自由散步等等，对于第一批花的开放的情景描写生动活泼、具体可感。

一条条柔软的灰色小尾巴，从枝头垂下来，它们叫作葇荑花序，其实它们并不像葇荑花序。你要是轻轻摇一摇这样的小尾巴，花粉就像云彩一样飘落起来。还有奇怪的呢：就在这几根榛子树枝上，还长着另外的花朵。这些花，有的两朵，有的三朵生在一起，看上去很像蓓蕾。只是在每个“蓓蕾”上面，伸出一对鲜红色的像小细舌头的东西。原来这是雌花的柱头，它们总能接到从别的地方随风飘来的花粉。

风自由自在地在光秃秃的树枝间散着步，没有树叶，没有东西妨碍它摇晃那些小尾巴，或者吹散那些彩色的花粉。

榛子花将来是要凋谢的，小尾巴也是要脱落的，那些蓓蕾上粉色的小舌头也是要干枯的。到了那时，每一朵这样的小花就会变成一颗成熟的榛子。

春天里的小花招

在森林里，猛兽常常攻击爱好和平的小动物。在哪儿看见，就在哪儿抓住。

冬天里，白雪铺满了大地。兔子、鹌鹑(ān chún)，还有其他毛色雪白的小动物，都不会让你轻易发现。可现在，雪融化了。你从远处就能看见狼呀、狐狸呀、鹞鹰呀、猫头鹰呀，甚至像白鼬、伶鼬(líng yòu)这些白色的小动物，它们已经在变黑的土地上活动了。

正因为如此，动物们才需要耍一些小花招来避免猛兽的攻击呢！此处为下文做铺垫。

于是，白兔子和白鹌鹑就耍起花招来：它们开始脱毛，开始给自己化装。小白兔变成了小灰兔，白鹌鹑掉了好多白羽毛，在掉毛的地方，重新长出了褐色和红色带条纹的新羽毛。现在，你发现不了它们了——它们换装了。

那些攻击它们的野兽，也不得不照他们学了。伶鼬在冬天里，曾是浑身雪白，白鼬也是一样，只是尾巴尖的地方是黑色的。这样，它们就能偷偷地接近那些温和的小动物了：白色对白色。可是现在，人家都换毛了，它们也得跟着换啊。伶鼬全身都是灰的了，白鼬的尾巴尖还像以前一样没有变化，还是黑色的。但这没有关系呀，因为地面也有一片片黑的干枯的树叶、小树枝什么的，特别是在草地上，这种小黑点不是要多少有多少吗？

冬季里的客人准备出发喽

在我们区所有的公路上，你能看到一群一群的白色小鸟，它们是什么鸟呢？很像鹀鸟[①]。我们叫他们雪鹀和铁爪鹀，它们就是在我们这儿过冬的客人。

它们的故乡是在冻土地带——北冰洋的一些海岸和一些小岛上。那里，还要很久土地才能化开。

①鹀鸟：鹀的英文名"bunting"，源于古英语中的"buntyle"一词，最初的意思是"隐秘的东西"。最早用以指在地面觅食种籽和昆虫的几个西欧鹀科种类。全球约85%的鹀科种类见于美洲。

雪崩

森林里发生了可怕的雪崩。

松鼠妈妈还在暖和的巢里睡着大觉，它的家就在一棵高大的云杉树的树桠上。

突然，一大团雪球从上面直接砸到了巢盖上。松鼠妈妈立刻蹿了出来，它的那些可怜的小宝宝刚刚出生，那么无助，都留在巢里了。

可怕的雪崩没有伤害到刚出生的松鼠宝宝，惊险之余，可爱的松鼠宝宝享受着妈妈给予它们的爱，是那么温暖。

松鼠妈妈明白过来了，是雪崩，它马上把雪扒开。太幸运了，雪只压住了由粗枝搭成的巢盖，窝还是好好的，铺着蓬松的苔藓，一点儿都没坏。巢里的松鼠宝宝还没有醒呢！它们是那么的小——眼睛都还没有睁开，耳朵也听不到，浑身光溜溜的，和小老鼠一样大。

潮湿的房间

雪一点一点地融化着。住在森林地下室里的住户，日子可就不好过啦！鼹(yǎn)鼠、鼩鼱(qú jīng)、野鼠、田鼠，还有狐狸，这些住在地洞里的小动物，都被潮湿害苦了。现在都这么难受，等到雪都变成水的时候，那可怎么办啊？

神秘的茸毛

“闪”“摇曳”，形象地描写茸毛的灵巧。接下来一问一答，充满了趣味。

沼泽里的雪融化了，一个个草墩里面满是水。在草墩下面，一些银白色的小穗闪着光泽，随风在绿色的草茎上摇曳着。难道是去年秋天的种子，没来得及飞走？难道它们在雪里埋了一冬天？不对——它们太干净了、太新鲜了。

你把这种小穗采下来，把茸毛拨开，谜底就出现了。原来就是花呀！柔丝般的白色茸毛中间，黄色的雄蕊和纤细的柱头出现了。

在四季常青的森林里

不只是在热带或者是在地中海沿岸才有那些四季常青的植物，在我们这儿——北方，也可以看到四季都是绿色的森林——在这样的森林里，遍布着绿色的小灌木丛。如果现在——新年的第一个月份，你在这样的森林里散步，你的心情会特别愉快，因为这里没有褐色的烂叶子，也没有那些让人难以忍受的干草。

毛茸茸的小松树，从远处看去，绿油油、灰蒙蒙的。在这些小树中间玩一会儿，该有多愉快啊！这儿的一切都是那么生动：柔软的青苔泛着绿光，越橘的叶子闪闪发亮，石楠柔柔的枝条上，长满了小小的叶芽，像是一片片绿色的鳞片，树枝上还保留着去年的浅紫色的小花！

“绿油油”“灰蒙蒙”“泛着绿光”，写颜色；“柔软”“闪闪发亮”，写神态。作者用生动的词汇来描写大森林的色彩斑斓。

在沼泽的周边，还可以看到一种常绿的灌木——蜂斗叶[①]。它的叶子是暗绿色的，叶沿向上卷起，顺着边沿看上去，就可以看到白色的叶子背面了。不过，谁也不会把目光只留在叶子上，因为还有更有意思的东西呢：花！漂亮的、粉色的、像小铃铛一样的小花！多像越橘花啊！在这样早的春天里，在森林里能够找到花，是多么让人高兴啊！如果你能采一束，把它带回家，谁能说这是从野外带回来的呢？他们肯定会说，这是从温室或者花棚里找到的。

鹞鹰和白嘴鸦

“噼——噼！呼啦——呼啦——呼啦”——什么东西从我头上飞过去了？我一抬头：啊！有五只白嘴鸦在追一只鹞鹰。鹞鹰左躲右躲，最后还是被追上了，白嘴鸦们用嘴使劲地啄它的头。鹞鹰痛得大叫，到处乱跑，最后终于侥幸脱身，狼狈地逃走了。

在这一次战役中，鹞鹰狼狈逃走，最终失败。

我站在高高的山顶上，能够看很远。我看见，这只鹞鹰落在远处的一棵树上休息——还没缓过神——不知从哪儿又冒

①蜂斗叶：又名水斗叶，款冬，是一种菊科蜂斗菜，属多年生草本植物。

而这次战役中，白嘴鸦没有得逞，“躲”“使劲”“乱跑”“疯狂”“狂叫”“冲”等动词的集中使用，使得白嘴鸦与鹞鹰的战斗画面感十足。

出来一大群白嘴鸦，尖叫着向它扑去。鹞鹰一下子疯狂了，猛地冲着一只白嘴鸦飞过去，狂叫着。那只白嘴鸦害怕了，急忙闪开。这时，鹞鹰机敏地冲上高空，远远地飞走了。白嘴鸦们看着到嘴的猎物跑掉了，也就解散了队伍，在田野里分开了。

【探究思考】

1.《雪地里的宝宝》中，妈妈没有回来，为什么兔宝宝们没有被冻着、饿着呢？

2. 在这一章里，动作描写、外貌描写和比喻拟人运用比较多，这样做的好处是什么？

【参考答案】

1. 宝宝们穿着小皮袄，十分暖和呀。兔阿姨们的奶又是那么香、那么浓，只要吃上一回，可以饱上好几天呢！

2. 这些手法的综合运用将枯燥的自然知识生动形象地展现出来，有助于读者更好地认识各种动植物。

城市新闻

【阅读提示】

在城市里，不只是人类的新闻，还有许多动植物的新闻呢，比如说猫咪们的音乐会、鸟儿们的战斗，蚊子的舞蹈等等，而小孩子们也正在欢呼雀跃地为鸟儿做窝呢，不信，你们看……

【正文批读】

屋顶上的音乐会

每天晚上，当夜幕降临的时候，屋顶上都会举行音乐会，这是由小猫咪们组织的。它们很喜欢这样的音乐会。不过，每次，音乐会都会以歌手们群殴收场。

在阁楼上

最近一段时间，一位《森林报》的工作人员跑遍了市中心的住宅区，考察动物们在阁楼上的生存状况。

那些鸟栖身在阁楼的角落里，它们对自己的住宅很满意。谁要是冷，谁就住得离烟囱近些，享受免费取暖。母鸽子们已经开始孵蛋了，麻雀和寒鸦飞遍了整个城市，搜集搭窝用的稻草和做软垫子用的绒毛、羽毛。

鸟儿最不喜欢猫儿和淘气的男孩子，因为他们老是恶作剧，弄坏它们辛辛苦苦才做成的窝。

麻雀风波

在椋鸟窝旁边，乱哄哄地，又吵又叫，绒毛、羽毛、稻草飞拟人手法：把鸟儿当作人来写，使之具有人的思想、行为。把椋鸟发现家被麻雀占领后的愤怒刻画得栩栩如生。

得到处都是。

原来是房间的主人——椋鸟——回来了，它们发现麻雀占了自己的巢，就把它们揪着往外撵。椋鸟很生气，连麻雀放在房间里的羽毛褥子都扔了出去，甚至连麻雀的味道都不允许有！

有个水泥工人正站在梯子上干活，他把水泥抹在房顶的裂缝上。麻雀在屋檐下蹦蹦跳跳地玩耍，突然，它看了看屋檐，好像想起了什么，大叫一声，向工人的脸上扑了过去，水泥工人拿着小铲子挥舞着撵它，但它就是不走。他怎么也想不到，他把裂缝里的麻雀窝给封上了，那里面还有麻雀的蛋蛋呢。

吵闹声、叫嚷声，绒毛、羽毛飞得到处都是。

还在做梦的绿豆蝇

房子外面出现了一些很大的绿豆蝇，它们看上去蓝里带绿，闪闪发光。和秋天时一样，迷迷糊糊地，好像梦游一样。它们还不能飞，沿着屋子的墙壁来来回回地爬着，摇摇晃晃地、一步一步地挪着细腿。

它们一整天都在晒太阳，晚上的时候，才爬回墙壁和栅栏的裂缝中。

苍蝇虎，一群流浪汉！

屋外出现了一群流浪汉——苍蝇虎。

俗话说，狼是靠腿来找吃的，苍蝇虎也是这样。它们不会像蜘蛛那样织那么复杂的网，它们很简单，它们进攻苍蝇和昆虫的时候，就是使劲一蹦，跳到背上就吃。

石蚕

从河面冰封的水里爬出了一些灰色的小昆虫。它们慢慢悠悠地爬到岸边,从厚厚的外壳里解脱出来,就变成了另外的样子——扇着翅膀、又细又直的昆虫了。它们既不是苍蝇,也不是蝴蝶,它们的名字叫作石蚕。

它们的翅膀虽然又长又轻,可还不能飞,它们太弱了,还需要阳光来抚慰呢。

它们爬着穿过马路。过路的人踩着它们,马的蹄子踏着它们,汽车轮子压着它们,麻雀啄着它们。可它们还是前进再前进——它们有几千、几万只呢!只要爬过了马路,就可以到房屋的墙壁上晒太阳了。

尽管石蚕为了晒太阳遭遇了许多阻挠,但它们还是前进再前进,从中可以看出作者对这种锲而不舍的精神的赞扬。

森林村的观测站

从 19 世纪末,著名的自然科学家凯戈罗多夫教授开始在森林村进行观察以来,这种区域性自然现象科学的研究一直在进行。

现在,我国在地理协会领导下,以凯戈罗多夫教授命名的专业委员会,组织物候学观察者的工作。

全国各地爱好物候学的人,都给委员会发来了自己的报道,记录着多年鸟儿的迁徙史,植物花开花谢的规律,昆虫出现和灭绝的现象。根据这些记录,我们可以编成一部自然历书,这部历书能够帮助我们编制天气预报和确定各种农业工作的期限。

现在,在森林村已经成立了中央物候学观测站。像这种有 50 年历史以上的观测站,世界上只有三个。

来自森林的第二封电报

(来自我们的记者)

椋鸟和云雀飞来了。它们唱起了歌。

我们耐心地等着,熊还是没从洞里爬出来,难道它在里面冻死了?大家瞎想着。

突然,洞上面的雪振动起来。

不过,从洞里面爬出来的东西一点儿也不像熊。你以前肯定没见过这种野兽,个头有小猪那么大,浑身长满了毛,黑色的肚皮,灰白的脑袋上面长着两道暗色的条纹。

原来这不是熊洞啊,是獾子洞,刚才爬出来的是獾子。

现在,它已经不再冬眠了。每夜,它都去森林里找蜗牛、幼虫、甲虫,吃树根和草根,逮田鼠。

我们开始满森林地找熊洞,终于找到了,就在那儿,这回可是真正的熊洞。

熊还在睡觉。

水已经把冰飘起来了。

雪正在塌方。琴鸡到了发情的季节,开始四处求偶;啄木鸟在树上,咚咚咚,咚咚咚,一个劲儿地敲着鼓。看,刨冰的小鸟飞来了——人们都叫它白鹡鸰(jí líng)。

以前那条可以在上面划雪橇的路,已经泥泞不堪了。现在,我们再走这条路,只能坐马车,划不了雪橇了。

请准备房间吧

谁希望椋鸟来到自己的花园安家落户呢?那你就得赶快给它们准备房间啦。房间一定要干净,房间的门一定要开得很小,让椋鸟能钻进去,猫爬不进去。也不能让猫把爪子伸进去,房间门里面还得钉上一块木头做的三角板。

小蚊子的舞蹈

拟人和比喻手法:形象生动地描绘了蚊子舞蹈的姿态,画面感十足。

在欢乐、祥和的日子里,小蚊子就开始在空气中跳舞了。请不必害怕它们:它们不是叮人的蚊子,它们是蚊群。轻盈的小蚊子,一群群地聚集在一起,像根柱子一样,在空气中晃动着、旋转着。在那儿，有很多这种蚊群的地方——这些萦绕在空中的小黑点，和雀斑一样显眼。

第一批小蝴蝶

蝴蝶出现了，它出来透透气，顺便在太阳光下把自己的翅膀烘一烘。

第一批出现的，是在阁楼顶上过冬的黑褐色带黄斑的荨麻蝶，还有一些淡黄色的柠檬蝶。

在公园里

在公园和花园里，雌燕雀唱着响亮的歌，它们挺着淡紫色的胸脯，伸着浅蓝色的脑袋，蹦蹦跳跳地聚在一块儿，等待着总是有些迟到的雄燕雀。

新的森林

植树造林会议召开了，森林学家、林业工作人员、农学家们都来了。

为了在我们伟大祖国的草原地区造一大片森林，科学家们在一百年前开始勘察和实践工作。我们选定了三万多种树木和灌木，它们适合各种草原。对于不同的草原特性，它们的适应力都是很强的。比如，对于顿尼茨草原来说，最好的树种就是和锦鸡儿、忍冬和其他灌木种在一起的一种橡树。

在我们的工厂里，正在研制一种新机器，我们可以利用它在很短的时间内造出一大片森林。

现在，我们已经造出了几十万公顷森林。

最近几年，我们全国还要造出几百万公顷的新森林。它们能够很好地帮助我们提高农作物的产量。

人们的环保意识正在逐渐增强，植树造林已经成为人们一项很重要的工作。

春天的花朵

院子里开出了叫作款冬的黄色的小花。

街上，有人在叫卖一束束春花，这些花儿是森林里第一批开放的。卖花人把它们叫作"雪下紫罗兰"，虽然它们在颜色和味道上面都不大像紫罗兰。其实，它们真正的名字叫作蓝耳草。

树木也醒了过来——白桦树内的树汁已经开始流动起来。

谁游过来了

在森林村公园的峡谷里，一条条小溪蜿蜒曲折地延伸过来。我们的林业工作者在一条小溪上，用石头和泥土做了一道拦水坝。我们想看看，什么动物最先游过来？

我们等了好长时间，什么东西都没看到，只有一些小树枝、小树叶飘了过来，在池塘里打转转。

后来，一只老鼠从小溪底部晃晃悠悠地被冲了出来。是的，它不是普通的老鼠，不是那种灰色的、长尾巴的家鼠。它浑身长着棕黄色的细毛，中间夹杂着一些条纹，原来它是短尾巴田鼠。

它可能已经死了一个冬天了，一直在雪里埋着。现在，雪变成了水，小溪就冲着它，到了这个不知名的地方。

又过了一会儿，流水带来了一只黑色的小甲虫。它手脚乱动，转着圈，使劲挣扎着，怎么也不能从水里爬出来。最初，大家都在想：这可能是某种水里面生活的小甲虫，后来捞出来，仔细一看——原来是最让人讨厌的"屎壳郎"①啊！

此处作者连用了两个设问句，目的是引起读者的注意。

看样子，它也醒了。它是怎么到水里来的呢？当然，肯定不是自己愿意来的。

接着看！那是谁来了，两条后腿一蹬一蹬的，它自己游进了池塘。你猜，它是谁啊？对，是青蛙！

①屎壳郎：学名蜣螂。大多数蜣螂营粪食性，以动物粪便为食，有"自然界清道夫"的称号。

周围还都是雪,但是青蛙可不管那些,见到水,立刻就来了。

它从水塘跳到岸上,很快就消失在灌木丛里了。

最后,又游过来一个小东西,褐色的,很像刚才那只老鼠,只是尾巴更短一些。原来是只水老鼠。

入冬的时候,它给自己储备了好多粮食,现在都吃光了。它看到春天来了,就出来想办法找吃的了。

款冬

小土包上早就出现了款冬[①]的一群一群的细茎。它的每一群茎,都是一个小家庭。年纪大一些的,是哥哥姐姐,长得比较苗条,茎也高高直直的。挨着它们长的那些肥肥胖胖的,是它们的弟弟妹妹。还有一种特别可笑的茎,它们弯着腰站在那儿,不敢抬头的样子——好像是很害羞,怕见生人,就像是刚刚来到世上一样。

拟人手法:把款冬的娇嫩形象地表现出来。

每一个这样的小家庭,都是一点点地从地下的茎根上长出来的。茎根里,从去年秋天就已经在储藏食物了。现在,食物都快吃光了,但在开花的时候,还是要靠这些养分的。过几天,这些小脑袋就会变成一朵朵黄色的、像向日葵一样的小花。准确地说,那不是花——而是花絮,一束一束地,紧密地挤在一块。当花开始凋谢的时候,就会从根茎里长出叶子来。根茎很会爱护自己,它们生出叶子,让叶子吸收阳光,把养分和食物再存起来,为明年作准备。

天空中传来了喇叭声

列宁格勒的居民非常吃惊,天空中竟传来了喇叭的声音。早晨,天刚蒙蒙亮,街上还没有行人,整座城市还在熟睡。就在这时候,那喇叭声就清楚地传来了。

---

①款冬:多年生草本植物,古名颗冻、钻冬、虎须,别名冬花,以未开放的花序供药用。

要是眼睛好使，你就会看到，一大群大白鸟紧贴着云朵在飞，它们有着又细又长的脖子。

这是一群喜欢排着队飞行的野天鹅。

每年春天，它们都会在我们城市的上空飞过，用它们的大嗓门吹着喇叭：克噜噜！克噜噜！不过，如果在城市里，街上比较吵闹的时候，想听到这样的喇叭声就很困难了。

比喻手法：把天鹅的叫声比喻成了喇叭声，由于人们对喇叭声更为熟悉，所以可以具体地感知天鹅的叫声是十分响亮的。

现在，野天鹅们急急忙忙地向着科拉半岛的阿尔汉格尔斯克方向飞去，或者到北德维纳河两岸去搭窝。

【探究思考】

1. 春天里都有哪些花开了？

2. 在描写椋鸟与麻雀之间的纠纷时，作者采用了什么写作手法？

【参考答案】

1. 款冬、蓝耳草等。

2. 拟人的修辞手法，就是将动植物人格化，使它们像人一样行动和思考。

庆功会的门票

我们在等待我们的鸟类朋友，大队部给我们少先队员都分配了任务——为椋鸟做窝。

于是，我们大家就开始做这件事儿了。我们有一个木工厂，在那里可以培训那些还不会制造椋鸟窝的同学。

我们将把许许多多鸟窝挂到学校的花园里，让这些鸟儿住在我们这儿，帮我们保护苹果树、梨树、樱桃树，让它们消灭掉那些有害的青虫和甲虫。过几天就是鸟节了，我们要举行庆祝会。大家都商量好了，每个少先队员都要把椋鸟窝带来，鸟窝就是庆祝会的门票。

●森林通讯员 伏洛加·诺威任尼亚·科良吉克

来自森林的第三封电报(急电)

(来自我们的记者)

我们在熊洞旁边的树上轮班守候。突然,雪被什么东西拱起来了,一个又大又黑的兽头露了出来。

一只母熊爬出来了,后面还跟着两只小熊。

它边爬边打着哈欠,向森林的方向走了过去。活泼的小熊跳着跟在妈妈的身后,我们只来得及看见母熊瘦瘦的背影。

现在,它在森林里转来转去,看得出来,它的心情很好——睡了这么长时间。它现在见什么吃什么:树根、枯草,还有浆果。这时候,就算有一只小兔子,它也不会放过的。

春水泛滥

冬天的统治结束了。云雀和椋鸟在自由自在地唱着歌。

大水冲破了薄薄的冰层,溢到外面来了,广阔无垠的田野里全是水。

田野里失火了,是太阳放的,积雪都快被太阳烤熟了。在已经露出的土地上,碧绿的小草让人看了心情舒畅。

在春水泛滥的地方,第一批野鸭和大雁出现了。

我们看见了第一只蜥蜴,它从树皮底下钻出来,爬到树墩上晒起了太阳。

每天都发生很多很多有意思的事,我们都记不过来了。

城市里发生了交通拥堵——发大水了。

关于这次大水造成的动物死亡情况,我们将通过飞鸟传书在下一期《森林报》上发表。

乡村日历

(尼·巴甫洛娃)

【阅读提示】

本章重点写了农庄里的新春景象：冰雪融化了、小猪降生了、马铃薯搬家了、小麦开始生长了……一切都是崭新的开始。

【正文批读】

把春水留住

拟人手法：写雪水的恣意奔流。

融化了的雪水，谁的意见也不听，就想从田野里跑到洼地里去。人们用厚厚的积雪在斜坡上修了一道城墙，及时地把它留了下来。水被扣留了，并开始慢慢地渗入到田里。

田野里的绿色居民感觉到了，于是它们的根努力地喝水——真开心啊！

新出生的小宝贝

今天夜里，猪圈里的值班员正在为母猪接生。所有的小猪都是肥肥胖胖的，摇着脑袋、晃着屁股，哼哼乱叫。年轻的猪妈妈们焦急地等待着，但饲养员每隔一个小时才会把这些挺着小鼻头、摇着小尾巴的宝贝送来吃奶。

去暖和的新房子喽

人们把土豆从寒冷的仓库搬到暖和的新房子里去了。土豆对这次搬家很满意，于是，它们准备生芽了。

绿色的新闻

商店里出现了一些新鲜的黄瓜。但你知道吗？它们的花并没有蜜蜂来采蜜，它们生长的土地，也不是太阳烤热的。

但这些黄瓜确确实实是真的黄瓜：又大又壮，肥美多汁，浑身上下长满了小刺，而且还有黄瓜特有的清香。只不过，它们是在温室里长大的。

细节描写：从外观、嗅觉等方面描写黄瓜诱人的特点。

去帮助饥饿的朋友吧

雪，融化了。我们发现，整片原野竟然被一层又细又瘦的“青草”覆盖着。大地仍然冰冻着，一点儿东西也舍不得施舍给细嫩的“草”根。“小草”可真不幸呀，它在忍饥挨饿呢。

可是，在农场职工的眼中，这些“小草”可珍贵哩！因为，这些又细又瘦的“小草”是秋播的小麦。所以，职工们准备了草木灰、鸟粪、食用盐作为它们的肥料。

他们还从空中饭店给饥饿的朋友撒下救命的食物。

空中饭店——一架飞机将飞到田野的上空来，为它们喷洒食物，确保每一株“小草”都吃得饱饱的。

【探究思考】

1. 土豆为什么要搬到暖和的新房子里去？

2. 农场职工们是如何喂养秋播小麦的？

【参考答案】

1. 准备生芽。

2. 一方面准备了草木灰、鸟粪、食用盐作为它们的肥料，另一方面利用飞机从空中喷洒食物。

狩猎

【阅读提示】

狩猎可是一件大事情，猎人们只被允许在很短的时间内打猎，而且不许带猎狗。那么，猎人的收获怎么样呢？可怜的松鸡又会面临怎样的遭遇呢？

【正文批读】

春天，我们这儿只允许在很短的期限内打猎。如果春天来得早，那么打猎也能早些开始。要是春天来晚了——那只好晚些出去了。

春天里打猎，主要对象是森林里的鸟或者水边的鸟，也就是雄田公鸡和雄鸭，而且不许带狗。

猎人的爱好

白天的时候，猎人从城里出发，傍晚就已经来到森林了。

天灰蒙蒙的，没有风，下着小雨，很暖和。这正是打猎的好天气。

场景描写：非常适合鸟儿搬家的天气，猎人却蠢蠢欲动，接下来会发生什么事情呢？

猎人选好了一个地方，靠在一棵云杉旁边。周围的树木都不高，都是些赤杨、白桦、云杉什么的。

还有一刻钟太阳就要落山了，现在还有时间。可以抽一根烟；过会儿可就不行了。

猎人站在那儿，仔细地听着：森林里，各种各样鸟儿都在唱着歌。棕树的树顶上有只鸟，应该是鸫鸟[①]，它尖声鸣叫着；

①鸫(dōng)鸟：比椋鸟稍大一些的鸣禽，为著名的食虫鸟类，嘴细长而侧扁，翅膀长，善于飞翔，叫得很好听。

丛林里啾啾啾啾的声音，应该是红胸脯的欧鸲发出的声音。

太阳落山了。

鸟儿们一只接一只地停止了歌唱。最后，连鸫鸟和欧鸲也不出声了。

现在可要注意了，留心听！寂静的森林上空突然传来了轻轻的声音：

“切尔科，切尔科，好了——好——了！”

猎人一惊。把枪放到了肩膀上，一动不动，哪来的声音呢？

“切尔科，切尔科，好了——好——了！”

“切尔科，切尔科……”

是一对啊！

在森林的上空，两只长嘴勾嘴鹬急匆匆地扑扇着翅膀。

一只跟在另一只后面——不是打架。

也就是说，前面的是雌的，后面的是雄的。

乒！——后面的那只，像车轮子一样，旋转着，坠到了灌木丛里。

猎人像箭一样冲了过去：他知道，如果去晚了，受伤的鸟儿躲到灌木丛里，那就白费工夫了。

瞧，勾嘴鹬的羽毛和树叶一样灰蒙蒙的。

它挂在灌木上面，一眼就看到了。

那边，不知道哪儿又传来了“切尔科，切尔科”的声音。

太远了——散弹打不到。

猎人又靠着云杉，聚精会神地倾听着。森林里好静啊！

“切尔科，切尔科……”“好了——好——了！”叫声重新响了起来。

那边，在那边——太远了……

扔个什么东西，把它吸引过来，应该可以的！

猎人摘下帽子，向空中抛去。

雄勾嘴鹬会落入猎人的圈套之中吗？如此“狡猾”的猎人，真让人担心它们的命运。

雄勾嘴鹬很机敏，它正在昏暗的森林薄雾里找自己的爱人——雌勾嘴鹬。忽然看见一个黑乎乎的东西从地面飞起来，又落了下去。

是雌勾嘴鹬！

它在空中转了个圈，向下飞去——直接冲着猎人的方向。

猎人的手激动得发抖了。

乒！乒！——没打着！

最好放过一两只吧！没准头了——得静下心来。

好了——已经不抖了。

现在可以射击了。

森林深处黑黝黝的。这时，不知道哪儿传来了一声又大又可怕的叫声。一只正准备入睡的鸫鸟，吓得立刻惊慌失措地尖叫起来。

太黑了——已经不能再开枪了。

趁着还能看得见小路，应该赶到鸟儿交配的地方去。

松鸡交配的地方

已经是半夜了，猎人坐在森林里，一边吃东西，一边从暖瓶里倒水喝，他可不敢生火——火会把松鸡吓跑的。

不久，天就要亮了，交配在黎明前才开始。

在寂静的黑夜里，突然传来了猫头鹰的两声嘶叫。

这该死的家伙，这么叫会把松鸡吓跑的。

东边的天空已经开始发白了，好像在哪儿，有什么东西在唱歌，刚好能听清——“咋泰克，咋笑克”。

猎人踮着脚，仔细听。

听，还有另外一只在叫。就在不远的地方，应该有 150 步。第三只……

猎人轻轻地移动着脚步，越来越近。他手里端着枪，手指已经扣住了扳机，眼睛紧盯着不远处那棵粗大的云杉。

听，“咋泰克”的声音停止了，那只松鸡开始连续啼鸣起来。

猎人突然跳开了原来的地方——一步，两步，三步，然后站住，一动不动。

松鸡的歌声中断了，静悄悄的。

松鸡好像察觉到什么了——它在仔细听呢！它机敏极了，只要有一点点响动，就立刻冲出去，在森林里展开大翅膀，跑得无影无踪！

动作描写：松鸡先是仔细听，然后冲出去，跑得无影无踪，这里把松鸡的机敏灵活生动地展现出来。

但它什么也没听到，于是又“咋泰克，咋笑克”地叫了起来——就像两根木头轻轻地撞击着。

猎人还是站着不动。

于是，松鸡高兴了，重新啼鸣起来。

猎人又是一跳。

松鸡赶忙停住啼鸣，嘴里因为着急，还发出“克克克”的声音。

猎人一只脚还停在半空，但他不敢动了。因为他知道，松鸡在听着呢。

过了一会儿，没发现情况，松鸡又开始“咋泰克，咋笑克”地叫了。

就这样，重复了很多次。

猎人已经很接近了，他知道，松鸡就在这棵云杉树上——好像就在树的中间，应该距离地面很近。

它玩得太高兴了，已经晕晕乎乎了，什么也听不见了，哪怕是喊它。

可是，它到底在哪儿呢？难道是在那片漆黑的针叶树上。

啊哈！看到了，就在那儿！在一棵满是针叶的云杉枝头，几乎就在猎人旁边——也就是三十步远——长长的黑脖子上面，顶着一个鸟头，还带着一撮胡子……

现在没有声音，可不能动弹……

"咋泰克，咋笑克"——歌声又起来了。

猎人端起了枪，瞄准了那个黑影——就是那个长了胡子的像公鸡一样的大鸟，它的鸟尾巴大得像是一把打开的大扇子。

乒！——掉到雪地上了。

哈！好大的家伙，浑身都是黑的，肯定有五公斤！整条眉毛都是红色的，颜色就好像是刚流出来的血的颜色似的。

夸张修辞：写公鸡眉毛颜色之深之浓。

【探究思考】

在打勾嘴鹬的时候，猎人一共打了几枪？

【参考答案】

8枪。

森林剧场

(来自我们专业的记者)

【阅读提示】

森林剧场里,每个演员都在卖力地表演,为大家呈现了一场精彩的演出,让大家一饱眼福的同时,也增长了许多知识。

【正文批读】

琴鸡交配场

在一片不大的林间草地上,有个剧场。太阳还没有起床,但周围的一切都看得很清楚,因为现在是极昼——夜是白的。

剧场吸引来很多观众——一些彩色的雌琴鸡。它们有的从上面飞下来,在地上吃东西,有的很安静地坐在树上。

它们在等待着,过会儿好剧就要开幕了。

瞧,从森林里飞来了一只雄琴鸡,它直接落到了空地中间。它是那么漂亮,浑身乌黑,肩膀上有几道条纹,这就是我们的主角。

它的眼睛是黑色的,像纽扣一样,机警地扫了一圈交配场——空地上,除了一些来作观众的雌琴鸡之外,一只动物都没有。

> 比喻修辞:写雄琴鸡眼睛的特点——明亮、机警。

那边是什么东西呀,是灌木丛吗?好像昨天还没有呢!这简直是开玩笑:难道一夜之间,就能长出一米多高的云杉来吗?是自己忘记了?还是年龄大了,老糊涂了?

该开始了。

我们的主角再一次向观众群看了看,然后,就把脖子伸到了地上,拖着两只大翅膀,翘起了华丽的大尾巴。它叽里咕噜地发表演说：我要卖掉皮大衣，买件大褂，买大褂！

噗！一只雄琴鸡落了下来。

噗！噗！一只，又一只，好多琴鸡都飞了过来，站在地上。

看把我们的主角气的！

它浑身的毛都直立起来，脑袋已经贴到了地上。尾巴展开了，像一把大扇子。嘴里发出“就呼——费，就呼——费”的声音，这是挑战的意思：“飞过来吧，假如你们不怕掉羽毛。”

动作和语言描写生动地再现了琴鸡生气时的神态。

交配场的另一头，有只雄琴鸡回应了挑战：

“就呼——费，就呼——费，你要是胆子大，你过来试试！”

“就呼——费，就呼——费，行啊，我们这有 20，不，30 只雄琴鸡——数都数不过来，你有种就挑一只试试，它们都作好打架的准备了。”

雌琴鸡们静静地蹲在树杈上，没有一点儿表示，好像对这出戏一点儿都不关心的样子。这些美人原来这么狡猾啊！这出戏就是为它们准备的，这些生着黑白色尾巴、火红眉毛的战士大老远地来到这儿打架，不也是为了它们吗？

雌琴鸡们冷漠的表现令人忍俊不禁。

每只雄琴鸡都想在美人面前展示一下自己的力量和打架的能力。蠢笨的、胆小的快走开！只有胆大、勇敢、灵活的斗士，才值得它们关注。

看吧，好戏开始了………

满场都是“就呼——费”“叽里咕噜”的挑战声。雄琴鸡们把头弯到了地上，朝着对方逼过去。

两只雄琴鸡对上了。它们头对着头，嘴对着嘴，向对方狠狠地啄了过去。

“糗事，啾唬”——鸡冠上的毛都竖起来了。

天渐渐亮了。舞台上方升起了薄雾，那是白夜的窗帘。

在云杉丛中——交配场上哪来的云杉啊？——闪着金属光泽。

阅读了前文，这里似乎已经有了答案，虽然作者没有明确指出，但是读者已经完全明白了事实的真相，只有琴鸡们还蒙在鼓里。

雄琴鸡还在专注地打架呢,它们哪儿顾得上云杉啊!

雄琴鸡都在捉对厮杀。

交配场主角离树丛最近了。它已经打跑了两个对手了,真不愧是主角,森林里还能找到比它更厉害的吗?

第三个对手就很可怕,既勇敢,动作又快,跳起来就啄了主角一口。

"糗事,事!"主角凶狠地冲着对方大骂。

美人们蹲在树杈上,伸长了脖子,津津有味地看着。这才叫好戏呢!这才叫真正的战斗呢!这只肯定不会跑开的,无论如何也不会跑开的。看,又一对跳了起来。它们在空中就开始动手了,扑扇着结实的大翅膀,撞出噼里啪啦的声音。

撞击,又是撞击,啄,再啄——你都不知道,是谁啄到谁了。有一对摔到了地上,它们向两个方向跳开。年轻的那只,翅膀上坚硬的羽毛都折断了好几根,蓝色的羽毛向外支棱着,好像破布片一样披在身上;年纪大的那只更惨一些,火红的眉毛下面流出了鲜血——一只眼睛被啄瞎了。

美人们有点儿不安了,它们在树杈上,来回地换着脚。谁打赢了?难道是年轻的把年纪大的打败了?年轻的小伙子多漂亮啊:密实的羽毛散发着蓝光,尾巴、翅膀上的条纹多光鲜啊!

瞧,它们又跳起来了——撞到一块儿。年老的蹿到上面去了!

又趴下了,跳着分开了。

又扭到一块儿去了。这次,年轻的蹿到了上头!

现在是最后的战斗了。看!

摔倒了,又跳开。

又蹦到一起,扭打起来。

砰!巨大的声音在森林里传开。从小杉树丛里冒出了一股轻烟。

交配场的搏斗停了一小会儿。树上的雌琴鸡伸着长脖子,左看,右看,不知道发生了什么事。雄琴鸡吃惊地竖起了红色的眉毛。

怎么了？发生什么事了？

没关系，一切都好好的。

除了自己人，这儿谁也没有！

静悄悄地，小杉树后面的烟也散开了。

一只雄琴鸡回过头，看到了站在对面的敌人。它一个纵身，照着对方的脑门狠狠地啄去。

比喻修辞：树上的美人们指的是谁呢？当然是观战的雌琴鸡了。

好戏还在继续，一对对雄琴鸡还在不知疲倦地打着。但是，美人们在树杈上看到：刚才打架的那对，老的和年轻的雄琴鸡都死在地上了，难道它们互相把对方都打死了？

好戏还在上演。应该看舞台上面的表演才是。现在哪一对最有意思？这些黑斗士哪个是今晚的获胜者呢？

太阳升到森林上方的时候，好戏闭幕了。小杉树后面走出来一个猎人，他拾起老琴鸡和它年轻的对手。

猎人把它们揣在怀里，扛起枪，回家了。

在穿过森林的时候，他一直竖着耳朵，好像怕遇到什么人似的……因为今天，他做了两件不光彩的事：第一，他违反了法律，在法律禁止的时间出来打琴鸡；第二，他打死了琴鸡主角。

明天，交配场上的戏恐怕演不成了：没有了主角，谁还能带头演戏呢？

交配场被破坏了。

【探究思考】

1. 琴鸡交配场上那个貌似云杉的亮闪闪的东西是什么？
2. 森林剧场里的演员和观众是谁呢？

【参考答案】

1. 猎人的猎枪。
2. 琴鸡们。

全方位无线通报

【阅读提示】

北极的太阳终于出来了,中亚的果树正在开花,远东的浣熊狗结束了冬眠,……无线电报的内容其实丰富多彩,快去看看其他地方还有什么有趣的事情吧!

【正文批读】

注意!注意!

我们是《森林报》编辑部。

今天,3月21日,春分,我们正在举行一次无线电播报。

呼叫:东方,西方,南方,北方。

呼叫:苔藓!原始森林!草原!山川!海洋!沙漠!

请注意,请报告你们那里发生的情况。

喂!喂!

这里是北极

今天,我们这里迎来了一个伟大的节日:在很长很长的冬天过后,太阳终于露出了笑脸!

第一天,从海面上只能看到它的一个淡淡的弧顶。过了几分钟——又躲起来了。

过了两天,太阳已经露出半个腰了。

又过了两天,它才逐渐升起来。最后,整个都升起来了——脱离了海平面。

作者通过太阳在海平面的不同位置来表现北极地区一点点脱离极夜的过程。

现在,我们这儿的白天是最短的了。从早到晚总共也就是个把钟头，这有什么关系呢？反正光明总要来到的。明天，白天就会长一些，后天，比明天还要长一些。

在我们这儿，水和土地都被深深的雪层和厚厚的冰层覆盖着。白熊在自己的冰洞里，睡得正香。无论在哪里，你都别想看到绿芽，或者是飞鸟，这里有的只是严寒和暴风雪。

这里是中亚

寥寥数语，信息量却很大，众多事物的表现都昭示着：春天就要来了。

我们这儿已经种完了土豆，现在开始种棉花。这里的太阳很烤人，街上的灰被风一吹，到处都是，桃树、梨树、苹果树正在开花。扁桃、干杏、白头翁和风信子的花朵已经凋谢了。还有，我们已经开始栽防风林了。

现在，乌鸦、白嘴鸦、云雀都飞向了北方了。这个冬天，它们一直待在我们这儿，该回家了。

来我们这里避暑的燕子、白肚皮的雨燕什么的，现在都已经飞来了。红色的野鸭已经在树洞和土洞里孵蛋了。

注意！注意！

这里是远东

在我们这里，狗睡了一冬之后，已经醒来了。

不，不，你没听错：是狗，不是熊、土拨鼠[①]，也不是獾。你是不是以为无论哪儿的狗都不会冬眠的？可我们这儿的狗恰恰就是在冬天呼呼大睡。

外貌描写：浣熊狗不仅长得乖，就连生活习惯和饮食习惯也很特别。

我们这里有种特别的狗——野狗。个头比狐狸小一些，四条短腿，浑身长满了又密又长的棕色毛发，耳朵都看不见了。一到冬天，它就钻到洞里去睡觉，和獾一样。现在，它终于睡醒了，开始逮老鼠了，它还会捉鱼。

①土拨鼠：也叫旱獭。平均体重为4.5千克，最大可成长至6.5千克，身长约为56厘米。善于挖掘地洞，通常洞穴都会有两个以上的入口，以策安全。土拨鼠也具备游泳及攀爬的能力。

人们都叫它浣熊狗,因为它长得特别像美国的浣熊。

在南海边,我们开始逮那种扁身子的鱼——比目鱼。在乌苏里边境的原始森林里,小老虎出生了。它们已经睁开大眼睛,开始看周围的世界了。

从今天开始,我们就可以等候那些路过的鱼了。它们从海洋那边,长途跋涉游到我们这里来产卵。

这里是西部的乌克兰

我们这儿在种小麦。

从南非飞来了许许多多白鹤,它们在外面过冬之后,这次是重回故乡！我们很高兴，它们又能在我们的小房顶上住下来。为了方便它们做巢,我们搬来了很重的小推车的轮子,放在房顶上。

现在,白鹤开始寻找一些小树干和树枝了——放在车轮上,搭起窝来。

我们的养蜂人忙坏了:因为蜂虎[1]要来了,这种金黄色的小鸟,模样标致、浓妆艳抹,就喜欢吃蜜蜂。

喂!喂!
这里是新西伯利亚原始森林

我们这儿的情况,可能和你们是一样的。因为,你们那里也是原始森林地带——遍地都是茂密的针叶林——包围着我们这个国家。

在我们这儿,只有夏天才能看到白嘴鸦,春天来这儿的都是些寒鸦,一到冬天,它们就飞走,春天最先飞回来。我们这儿的春天特别友好,可惜就是太短了。

①蜂虎:一种体长15～35厘米的小鸟。嘴中等长,稍下曲,尖端锐利。羽毛耀眼,多为绿色,许多种类有红、黄、蓝或紫色的,中央尾羽长。以蜜蜂、胡蜂及其他昆虫为食。蜂虎嗜食蜂类,不利于养蜂业,但它嗜吃昆虫,尤其是白飞蚁,有益于农业。

这里是外贝加尔草原

一群群羚羊、黄羊步履蹒跚地向南走去，它们刚刚从我们这儿离开，去了蒙古。

现在，这儿正是初春，冰雪初融，这样的天气对它们来说简直是灾难！白天下的雪刚刚融化，晚上就变成了冰。整个草原，都变成一个巨大的滑冰场啦！

比喻修辞：草原像滑冰场、冰面像镜子，可见天气有多冷。

黄羊蹬着光滑的蹄子，在冰面上一步一挪，就像走在镜子上一样，脚都站不住。

跑得最快的是羚羊，像风一样——这可是性命攸关啊。在初春的冰面上，不知道有多少羚羊要被狼或者别的野兽吃掉呢！

这里是冻土地带，泰梅尔半岛

我们这儿现在特别特别冷，还是冬天的气候，一点儿春天的味道都没有。

一大群驯鹿正在找青苔吃，它们用嘴扒开了雪，用蹄子使劲地刨着冰面。

乌鸦早晚会飞来的！4月7日，我们要庆祝“乌鸦节”——这儿叫“乌嗅尔恩嘉一亚列”节。我们这儿把乌鸦飞来的日子当作春天的开始，就像你们那儿把白嘴鸦飞来当作春天开始一样。

我们这儿根本就没有白嘴鸦。

这里是高加索山

拟人修辞：对高加索山区春天来临的次序做了总的概括介绍。

在我们这儿，春天是从低处向高处，一点点地把冬天赶跑的。

山顶上正在下雪，谷底却下着雨。小溪奔跑着，今春的第一次山洪暴发了，洪水漫过了河岸，湍急的河水席卷着路上碰到的一切东西，奔腾咆哮着冲向大海。

此时的谷地，春暖花开，树也发芽了。在山坡的南面，暖洋洋的，阳光明媚，碧绿的颜色一点点地从山脚下向上延伸。

鸟儿、啮齿类动物和吃草的野兽，都顺着绿色向山顶上移动。狼呀、狐狸呀、野猫，甚至可怕的雪豹，也都追踪着牡鹿①、兔子、野绵羊、野山羊什么的，向山上跑去。

冬天向山顶上撤退了，春天带着大大小小的动物们，紧紧地追了上去。

这里是中亚的沙漠

春天真让人高兴，就算在我们这儿的沙漠里也是一样，经常下雨，一点儿都不热。到处都长满了小草，就连沙地上都是，真不知道这些小草是从哪儿来的。

灌木丛里伸出了叶子。沉睡了一冬的动物，从地底下钻了出来。屎壳郎、象鼻虫也都飞来了。

灌木丛伸出了叶子，虫子飞了出来，动物爬了出来，鸟儿飞了过来，为什么呢？因为春天临近了。作者层层铺垫，渲染出春天的热闹非凡。

蜥蜴、蛇、乌龟、土拨鼠、跳鼠什么的，也从深深的洞穴里爬了出来。

从山上飞下来一大群兀鹰——它们去捉乌龟。兀鹰的嘴又弯又长，伸进乌龟的硬壳中，把肉啄出来吃。

春天的客人飞来了：有小个子的沙漠莺，有会跳舞的鹟鸟，有各种各样的云雀——大云雀、亚洲小云雀、黑云雀、白翅膀云雀、带冠毛的云雀。

天空中到处都是它们的歌声。

在这样温暖明媚的春光里，你再也不能说沙漠是毫无生气的了，它里面的生命是多么丰富多彩呀！

喂！喂！

这里是海洋，这里是北冰洋

在北冰洋的海湾处，有好多冰块，也有整片的冰场。在一

①牡鹿：成年雄鹿的俗称。根据鹿类动物的分布规律，它们适应的环境是北半球为主的温带森林和草原。“牡”的解释：雄性的鸟或兽，亦指植物的雄株，与“牝（pìn 四声）”相对。

块冰上，躺着一个家伙——浅灰色的野兽，两边的腰上黑乎乎的——这是格陵兰雌海豹。就在这里——寒冷的冰面上——它们生下了自己的小宝贝。小海豹生下来就是毛茸茸的，像雪一样白，只有眼睛和鼻头是黑的。

小海豹还要等很久才能下水，在寒冷的冰面上，它们还要躺很长时间，因为它们还不会游泳呢！

外貌描写，抓住了雄海豹的主要特征来写：黑脸、黑腰、毛色浅黄、又短又硬。

黑脸、黑腰的家伙已经爬到冰上来了——老格陵兰雄海豹。它们要脱掉自己又短又硬的浅黄色的毛。它们不得不在冰上躺一段时间，直到换完毛为止。

侦察员已经坐上飞机出发了：他们要看看，现在哪块冰场上面有带着孩子的雌海豹，哪块冰场上有躺着换毛的雄海豹。

他们侦察完之后，回去报告船长，哪儿的海豹最多，已经把这块冰场都盖住了。

过了不久，一只载着很多猎人的专业捕猎船——海豹捕猎队，穿过一片片冰原，驶向目的地。

这里是黑海

在我们这里，海豹都不是土生土长的。很少有人会幸运地看见这种野兽。曾经有一只地中海的海豹，经过博斯普鲁斯海峡，偶然游到了我们这里。它从水里露出了乌黑的脊背，有三米来长，瞬间就消失了。

可是，我们这里还有许多别的野兽，比如说，那些活泼开朗的海豚。现在，在巴统城下，正是猎取海豚的最佳时机。

猎人们乘坐着马达艇，仔细地观察着四面八方飞来的海鸥，看它们飞往哪儿。通常它们在哪儿集结，哪儿就会有成群的小鱼儿，海豚也一定会到那里去。

动作描写：生动地刻画出海豚的活泼性格。

海豚非常喜欢表演：它们在水面上翻跟头，就像马儿在草地上打滚一样，有时候还集结成队，一只接一只地从水里跳出来，在空中翻了一圈之后，再落回水中。不过，这时候你可不要走到它们跟前去射击，它们会逃走的，要到它们觅食的地方去。在 10 ~ 15 米的距离外，它们不会躲避小艇。不过，你最好还是快点儿开枪。如果打中了，要把它立刻拖到船上来。否则，死海豚会沉到海底去的。

这里是里海

我们这儿的北边有冰，所以这里有很多很多海豹的巢穴。

小海豹长大了，它们的毛已经换过了，变成了深灰色，后来又变成了棕色。现在，海豹妈妈很少从冰窟窿里出来了，这是它们最后几次喂它们的小宝宝了。

海豹妈妈们也开始换毛了。它们到了该走的时候。在另外的冰块上躺着一群一群的雄海豹。雌海豹来到这里，和它们一起换毛。海豹身下的冰块已经融化了，它们不得不走上岸继续把剩下的毛换掉。

这里有好多过路的鱼——里海鲱鱼、鲟鱼、白鲟鱼和很多别的鱼。它们来自不同的地方，聚到一块儿，游到伏尔加河、乌拉尔河的河口附近。在这里，它们将等待这两条河的上游解冻后，给它们带来好吃的苋菜。

那时，它们就忙起来了——一群一群的鱼，互相碰撞着、挤压着，逆着水流向上游去。它们将游到产卵的地方去——以前它们也是在那儿出生的，那个地方距离这里很远，在河的北面。那里有大大小小的支流，鱼卵就是在那儿生出来的。

沿着整条伏尔加河、卡马河、奥卡河、乌拉尔河以及它们的支流，到处都是渔民撒的渔网，等待着这些归乡心切的鱼类大军。

这里是波罗的海

我们这儿的渔民已经准备好了——捕捞小鲲(wēn)鱼、小鲱(fēi)鱼和米鱼。在芬兰湾和里加湾里，冰刚刚融化，就会出现鲑鱼、胡瓜鱼[1]和白鱼了。

我们这儿的港口一个接一个地解冻了，轮船已经起航了，它们要去远行。

世界各地的轮船，都开始向这边驶来。冬天结束了，波罗的海愉快的日子就要来啦！

我们这次的无线电播报到这里就全部结束了。下一次广播播报将在6月22日隆重举行，敬请期待！

【探究思考】

1. 远东有一种特别的狗，人们为什么叫它为浣熊狗？
2. 在泰梅尔半岛，人们为什么要庆祝"乌鸦节"？

【参考答案】

1. 因为它长得特别像美国的浣熊。
2. 人们把乌鸦飞来的日子看作是春天的开始。

打靶场

第一次竞赛

1. 从哪天开始(对照日历)，认为春天已经来了？
2. 哪种雪融化得更快一些——干净的，还是脏的？
3. 为什么春天禁止打软毛兽？
4. 春天哪种动物先出现，是蝙蝠，还是昆虫？
5. 在我们这里，什么花最先开放？
6. 森林里的什么鸟春天明显地改变羽毛的颜色？
7. 什么时候最容易发现野生的白兔？

①胡瓜鱼：胡瓜鱼的叫法来自阿伊努人，因鱼身有一种鲜黄瓜般的气味而得名。体长不超过约7.6厘米，体长侧扁，鳞片小，侧线不完全。

8. 小白兔刚生下来的时候,是睁着眼还是闭着眼?

9. 这里画着两棵树,一棵在森林里长大,一棵在旷野里长大。你能用眼睛分辨出来吗?

10. 我们这儿最小的野兽是什么?

11. 我们这儿最小的鸟是什么?

12. 这里画着三种不同的鸟嘴。第一种鸟嘴吃昆虫,第二种吃谷类和浆果,第三种吃小野兽和小鸟。根据嘴的形状,请说明哪种鸟嘴吃什么食物。

13. 我们这里会唱歌的鸟中,哪种雄鸟是红色的,雌鸟是绿色的?

14. 有棵树树干部分的树皮被兔子啃光了。兔子为什么爬到这么高的地方吃树皮呢?为什么不在树根那儿吃呢?

15. 一年里面,哪两天太阳在天上停留整整十二小时?

16. 什么东西头朝下生长?

17. 没有生炉子,也不燃木头,但很温暖。(谜语)

18. 飞行的时候不说话,坐着的时候也不出声,等到死去了、烂掉了,才放声叫。(谜语)

19. 马拖着车跑,车辕子还在那儿没动。(谜语)

20. 有位老大娘,天生就会美,冬天穿白衣,春天换彩妆。(谜语)

21. 冬天放热,春天融化,夏天死去,秋天存活。(谜语)

22. 昨天出现过,明天又要出现。(谜语)

23. 不是树木,头上却有杈。(谜语)

公告

求租房间

租借用木板做成的小房子。木板厚度至少 2 厘米,房高 32 厘米;面积 15 厘米×15 厘米;门口直径 5 厘米,南向。我们已经来了!

——椋鸟

征求菱形小房子,面积 12 厘米×12 厘米,门口直径 4 厘米。两天之内到。

——捉昆虫的杂色鸟朗鹟

求借房间内有隔板的房子。总面积12厘米×36厘米，门要开在屋檐下面，直径4厘米。五月到。

——雨燕

征求木板房，面积11厘米×11厘米，门口直径4厘米，距离地板7厘米。

——白鹡鸰

（我们已经在这儿了）

第二部

候鸟返乡月（春天第二月）

一年:12 个月的欢乐诗篇——4 月

【阅读提示】

这个月的重要内容有两个,一是候鸟们回乡的“浪潮”,二是各种各样的动物们醒过来了。而且,每一种动植物都有着自己独特的出场方式,为我们展现出一幅精彩绝伦的早春图。

【正文批读】

4 月,冰雪初融!4 月还在沉睡,但是暖风已经吹来了,提前预报着天气要暖和了。你等着吧,还有别的事呢!

拟人修辞:“悄悄”“偷偷”两个词语运用得恰到好处,把春天悄无声息的到来表现得可爱动人。

这个月,水从山上流下来,鱼儿跃出了水面。春天,把大地从雪里解放出来后,又开始做自己的第二件事儿了:从冰面上把水释放出来。融化了的雪悄悄地汇集成小溪,又偷偷流入小河,河水上涨,漫过了冰面。水流湍急,冲入谷底,大面积地四散开来。

欢快的春水、温暖的小雨滋润了大地,地面穿上了绿色的连衣裙,上面还带着色彩斑斓的春花,俏生生的。森林这时候还赤裸裸地站在那里,等待着属于自己的时刻——春天的降临。不过,树里的浆汁已经开始缓慢地流动,树芽也鼓了起来。地上和枝头,一朵朵鲜花已经绽放了。

【探究思考】

1. 4 月,大自然最主要的变化是什么?

2. 4 月,森林发生了哪些变化?

【参考答案】

1. 冰雪初融。 2. 树里的浆汁已经开始缓慢地流动,树芽也鼓了起来。

候鸟返乡大搬家

【阅读提示】

鸟儿们浪潮一般地返回了故乡,在返乡的途中,这些鸟儿们遇到了数不清的灾难和困难,但是这都不能阻挡它们的脚步,知道这是为什么吗?

【正文批读】

鸟儿一群又一群地从越冬地返回故乡了。回家的时候,它们是严格遵守纪律规定的,一队队地飞,每一队都有自己的顺序。

"一群又一群""一队队",既写出了返乡鸟儿数量之多,又写出了它们队形整齐,秩序井然。

今年,鸟儿又一次飞回我们这儿。它们的航空路线还是和以往一样,遵守的规矩也是几千年、几万年、几十万年前的那一套。

第一批上路的,是那些去年秋天最后离开我们这儿的。最后动身的,是最先离开这儿的。晚一些飞来的,是那些最漂亮、色彩最华丽的鸟:它们在等待着春暖花开。在光秃秃的地面和树干上,它们会很容易地暴露自己。现在,它们在我们这儿没法躲避敌人——猛兽或者大鸟。

正好,经过城市和我们列宁格勒区,就有一条鸟类海上长途飞行路线。我们叫它"波罗的海航空线"。它的一头连着阴沉沉的北冰洋,另一头消失在那些鲜花盛开、天气炎热的国家。数不清的海鸟,一队队,一行行,没完没了地在空中盘旋,按照固定的制度和规律,动身上路。它们沿着非洲海岸飞行,穿过地中海,经过比利牛斯半岛和比斯开湾海岸,最后又路过了北海和波罗的海。

比喻修辞：把浓雾比作厚厚的墙，说明浓雾十分之厚。

在回家的途中，数不清的阻碍和灾祸与它们不期而遇。有时候，突然出现的浓雾会像厚厚的城墙一样，遮住它们的双眼。它们迷路了，周围又潮又湿。鸟儿们着急起来，乱冲乱撞，一不小心，就会撞到那些隐身的尖锐岩石上，撞得血肉模糊。

海上的暴风雨折断了它们的羽毛，撕碎了它们的翅膀，把它们远远地卷走，卷到那些无处落脚的地方。

通过描写海上暴风雨的猛烈，来衬托海鸟不顾一切返回家园的勇气和精神。

一场意外的严寒，就能够凝水成冰。许多鸟儿经受不住饥饿和严寒的折磨，在痛苦中死去。还有许许多多鸟儿成为雕、鹰和鹞这些凶神恶煞般的猛禽的猎物。

大多数猛禽都会选这个时候，聚集在"海上航空线"上。这儿的野餐多丰盛啊，不用费事，就能大大享用一番。

还有上百万的候鸟会死在猎人的枪下。(这期《森林报》我们会刊登，在列宁格勒城下打野鸭的故事。)

可是，谁也挡不住候鸟们回家的步伐。它们穿过浓雾，冲破层层阻碍，不顾一切地飞回自己的老巢。

戴脚环的鸟

如果你逮住一只带脚环的鸟，那么请记下脚环上提供的字母和号码，把鸟放生。然后写一封信，寄到中央鸟类脚环局，并报告自己所处的位置，地址是：莫斯科，B 一 313，列宁大街 86 号，住所 310，邮编 117313。

如果你认识的朋友或者捕鸟人打死或者抓住了这样的鸟，那么请你告诉他应该怎么做！

人们在鸟爪上套上了一种很轻的金属环 (铝环)，环上的字母能够告诉我们，是在哪个国家，哪个科学机构给这只鸟套上环的。字母后面的数字呢——在科学家的日记里有同样的一组数，说明是在什么时候，什么地方，给这只鸟套上脚环的。

科学家就是利用这种方式了解鸟儿们神秘的生活规

律的。

如果在我们这儿——遥远的北方，人们给鸟戴上脚环。而在非洲或者印度或者更远的某个地方，它被另外一个人捉到，那个人就会把脚环取下，寄回来。

不过，你不要以为所有的鸟儿都要飞到南方过冬，其实还有很多鸟儿要飞到西方去，或者飞到东方，有的甚至飞到北方去过冬！这是候鸟的秘密之一，我们就是用戴脚环的方式探索到的！

【探究思考】

1. 候鸟们返乡的路线是什么呢？
2. 人们为什么要给鸟戴上脚环呢？

【参考答案】

1. 候鸟们先是沿着非洲海岸飞行，穿过地中海，经过比利牛斯半岛和比斯开湾海岸，最后路过北海和波罗的海。
2. 脚环上的字母和数字标明了这些鸟来自哪里，是在哪个国家或者科学机构被戴上脚环的，以便于科学家的科学研究。

森林中的大事

【阅读提示】

4月份的森林会有什么大事发生呢？我们可以看到，苏醒的动物越来越多了，浆果钻出来了，春花也渐次开放了，对了，还有一种会飞的小兽也来了，这是一种怎样的小兽呢？

【正文批读】

泥泞季节

现在的郊区泥泞不堪：林间公路或者乡村道路的路况都很不好，无论你是乘雪橇，还是驾马车，都很难通行。我们要费很大劲，才能从森林里弄一点儿新闻出来。

雪底下的浆果

在森林的沼泽地里，雪下的蔓越橘[1]露出头来。村里的孩子们一边采摘一边说："过了冬的浆果要比新长出来的甜。"

属于昆虫的棕树节

柳树开花了。它那灰绿色的粗枝条隐藏在轻盈的、亮黄色的小球后面，完全看不见了。它那轻柔的腰肢、满头的柳絮随着微风轻轻摆动，看着就让人心旷神怡。

柳树开花的日子，对于昆虫来说，就是节日。你看，在那华丽的树丛里，昆虫们兴高采烈地嗡嗡直叫，就像棕树节来临一

①蔓越橘：又称蔓越莓，属杜鹃花科越橘属，原产于北美高寒湿地，有"北美红宝石"之美称。它是一种生长在矮藤上、小而圆、表皮富于弹性的鲜红果子，也有人称它为小红莓。蔓越莓与葡萄、蓝莓并称为北美三大水果。

样。丸花蜂嗡嗡地在空中做着滑翔动作,蠢笨的苍蝇无所事事地撞来撞去,勤劳的蜜蜂一根根地拨动纤细的雄蕊采集花粉,蝴蝶扇动着美丽的翅膀飞来飞去。瞧,这只黄色的蝴蝶翅膀上还刻着花朵呢,它的名字叫作柠檬蝶。那边的棕红色蝴蝶,长着大眼睛的那只,是荨麻蛱蝶。

拟人修辞:在作者的笔下,丸花蜂、苍蝇、蜜蜂、蝴蝶无不在热烈地庆祝春天的到来,展现出春日的一派生机。

看,在一个黄色的毛茸茸的小球上面,一只长吻蛱蝶落下来了。它张开暗灰色的翅膀,遮住小球,将吸管探到花蕊的深处去寻找花蜜。

这边的树既鲜艳,又令人快活。它旁边的树可就没这么好看了,那棵树也是柳树,也开了花。不过,它的花可真难看,是一些蓬松的灰绿色小毛球。也有昆虫在它上面,这棵树周围可没有它的邻居那么热闹了。但是,恰恰是在这样的树丛中,才能结出种子!原来,昆虫已经把黏稠的花粉,从小黄球上带到了灰绿色小毛球上来了。而种子,就在这些小瓶子似的雄蕊上慢慢成长。

蝰蛇的日光浴

毒蝰蛇每天早上都会爬到干燥的树墩上去——它在那里晒太阳。它缓慢地爬着,举步维艰,因为它的血在寒冷的天气里都快冻成冰了。蝰蛇在太阳下烤了一会儿,觉得暖和了,就准备去捉老鼠和青蛙了。

葇荑花序

在河岸上,在小溪旁,在林边的空地上,葇荑花序开花了。它们不是开在那些刚刚解冻的地面上, 而是开在被春天的阳光晒暖的树枝上。

现在,在白杨树和榛树的树枝上,长出许多长长的、咖啡色的小穗子,它们让树木显得更加漂亮。这种小穗子,就是葇荑花序。

它们去年就长出来了，不过，冬天的时候，它们是一种密实、静止的状态。现在，它们舒展开来，变得蓬松了，也富有弹力了。

比喻修辞：形象生动地写出了花粉纷纷扬扬下落的姿态，画面唯美诗意。

如果你推一下树枝，那么，那些黄色的花粉就会像轻烟一样，摇摇摆摆地飘下来。不过，在白杨树和榛树的树枝上，除了会喷花粉的葇荑花序外，还有另外的花——雌花。白杨树的雌花，是褐色的小毛球儿；榛树的雌花，是粗壮的苞蕾，从苞蕾里面伸出粉色的细须，看上去，就像是躲在苞蕾里的昆虫的触须一样——实际上，这是雌花的柱头。每一朵雌花柱头的数量也不同，有两个的，有三个的，也有五个的。

现在，白杨树和榛树上还没有长出叶子。风自由自在地在树枝间飘荡，吹得葇荑花序东飘西荡。它们把花粉卷起，从一棵树带到另一棵树上去。粉红色须子般的柱头接住花粉，于是，这些奇怪的像硬发一样的小花受精了，秋天前就会变成一颗颗榛子，悬挂在高高的树上。白杨树的雌花也受精了，到了秋天，它们将成长为一颗颗带着种子的黑色的小球果。

●尼·巴甫洛娃

蚂蚁窝开始颤动起来

我们找到了一个大蚂蚁窝，它就在一棵云杉树底下。一开始，我们还以为，这不过是一堆垃圾，或者是一丛老针叶，反正不像是蚂蚁窝！哪个蚂蚁窝能一只蚂蚁都看不到呢？

现在，土堆上的雪融化了，蚂蚁爬出来暖暖身子。在做了一冬天的长梦之后，它们变得毫无生气，黑乎乎地团在一起，躺在窝上面。

我们用小棍儿轻轻地碰了碰它们， 它们只是稍微地动了动，似乎告诉我们，它们还活着。不过，它们连用刺激性蚁酸射击我们的力量都没有了。

还要再过几天,它们才能像原来一样,忙忙碌碌地干活。

还有谁醒了

苏醒过来的还有蝙蝠和各种甲虫:扁身子的步行虫、圆圆的黑色屎壳郎、磕头虫。磕头虫正在展示它那磕头的功夫呢——把它仰面朝天地放着,它就把头往地上一磕——蹦个高儿,在空中翻个跟头,垂直地落在地上。

动作描写:"磕""蹦""翻"等一连串动词,将磕头虫翻跟头的绝技展现得活灵活现,十分有趣。

蒲公英花也盛开了,瞧!白桦树的新叶透过绿色的浓雾伸展出来了。

第一场雨过后,粉红色的蚯蚓从土里钻了出来。新鲜的蘑菇也出现了,它们的名字很奇怪,叫作羊肚菌①或编笠菌。

在池塘里

池塘又变得生气勃勃了。青蛙离开睡了一冬的床铺,产卵之后,就从水里跳到岸上去了。

而蝾螈正相反,现在它只是想从岸上回到水里。

在我们这儿,孩子们都把蝾螈叫作"茴鱼"。它全身都是红黑色的,长着一条大尾巴,有点儿像青蛙,但更像蜥蜴。它喜欢去森林里过冬,在那儿,它能找到湿的青苔做被子。

癞蛤蟆也醒了,现在它正产卵呢。不过,它的卵和青蛙的卵是有区别的。青蛙的卵漂在水里,像一团团果冻一样,有一些空泡,每一个空泡上面,都有一个圆圆的小黑点。而癞蛤蟆的卵附在一条细带子上,就挂在水下的草上。

比喻修辞:对青蛙的卵进行了细致而形象的描绘,"一团团""一条细带"两个词语很形象地区别开了青蛙的卵和癞蛤蟆的卵。

森林里的卫生员

冬日的严寒经常不期而至,一些鸟、野兽来不及适应,就

①羊肚菌:又称羊肚菜、美味羊肚菌、羊蘑。因表面有许多凹坑,似羊肚状得名。可食用,味道鲜美,是一种优良食用菌。

被冻死了，雪把它们埋起来。到了春天，它们重新露了出来，它们不会躺在那里很久的：熊呀、狼呀、乌鸦呀、喜鹊呀、埋粪虫呀、蚂蚁呀，还有别的森林公共卫生员会把它们弄走。

它们是春花吗？

现在，你可以看到很多开花的植物了，像三色堇[1]、荠菜、遏蓝菜、蓼、欧洲野菊，等等。

在我们这儿，雪花莲开花的时候，先探出绿色的梗，然后用尽它那小小的力气一弹，把腰伸出来。于是，它的小花就出现了。但你可别认为，这些草和雪花莲一样，是从地下钻出来的哦！

拟人修辞：赋予花儿以人的品格，赞扬了他们不畏严寒的高贵精神。

三色堇、荠菜、遏蓝菜、蓼、欧洲野菊从来不躲起来过冬。它们毫不畏惧严寒，将花朵全部伸展在寒冬面前。等到头上雪做的天花板被蔚蓝的天空代替的时候，它们就醒过来了，花和蓓蕾重新展示出盎然生机。

上次看到这些草茎上的蓓蕾，还是在去年秋天快要结束的时候。现在，它们都开成了花儿，在草丛里看着我们呢。

你觉得它们算是春花吗？

白寒鸦

有一只白寒鸦，生活在小雅尔切克村的小学附近。它和一群普通的寒鸦一起飞、一起住。就算是村里的老年人，也没看到过这种白寒鸦。我们是这所小学里的学生，我们都不明白，为什么这儿有这样一只白寒鸦？

●森林通讯员　波良·西尼采娜葛拉·马斯罗夫

编辑部的说明

普通的鸟和野兽有时会生下浑身都是白色的宝宝。

①三色堇：原产南欧，别名猫脸，是堇菜科多年生草本植物。喜凉爽气候，可秋季播种，应用于春季花坛，也可夏季播种，晚秋开花。

科学家把这种情况叫作黑色素缺乏症。

这种病症有两种情况：一种是全白的，一种不是全白的——有一部分被白色覆盖。在它们的身体里面缺少染色体，也就是缺少色素，那种能把羽毛和兽毛染上颜色的物质。

在家畜和家禽里面，这种黑色素缺乏症很普遍，像白家兔、白公鸡、白母鸡、白老鼠，等等。

在野生动物里，这种病症很少发生。生这种病的动物，一般活下来会很难很难。因为，在它们还很小的时候，就会被亲生父母弄死。好不容易活下来，还要一辈子被同类嫌弃，甚至是迫害。就算是它们的亲人很善良，接受了它们，让它们和队伍一起生活，像小雅尔切克村的那只寒鸦一样，它们也活不长。因为所有动物只要一眼就能看到它，特别是它们的天敌——猛禽。

稀有的小兽

森林里，一只啄木鸟大声地叫起来，叫声是那么凄惨。我们立刻明白了：啄木鸟出事了！

我们穿过丛林，来到一块空地上。在一棵枯树上，我们发现了一只啄木鸟精致的巢——一个整齐的小洞。一只稀有的小兽正沿着树干向鸟巢爬去。这只小野兽长着灰色的毛发，短短的光滑的尾巴，耳朵像小熊猫一样又小又圆，一双眼睛又大又凸。

细节描写：抓住了小兽的主要特征来进行详细描绘。将小兽的可爱、俊俏活灵活现地表现出来。

小兽爬到洞口，往洞里看了看。看来，是偷鸟蛋来了。这时候，啄木鸟已经着急了，它一个劲儿地向它扑打着。小兽躲躲闪闪，绕着树干转圈圈，啄木鸟也跟着它绕圈。

小兽越爬越高，前面没路了，已经爬到树顶了！它一犹豫，啄木鸟噗地啄了它一口！小兽突然从树上跳了出去，在空中滑翔着飞着逃走了……

比喻修辞："秋天的落叶"，生动地再现了小兽飞行的姿态。

它张开爪子在空中飘着，就像是秋天的树叶一样。身子轻轻地左摇右摆，小尾巴来回地晃动，控制着方向。就这样飞过了那片空地，落到了一根树枝上。

这时我才想起来，这是一只鼯鼠①呀！是会飞的小兽！

它的两肋生有皮垫。它伸开爪子，张开皮垫，就能飞起来。它是我们的森林伞兵！只可惜，这种小兽现在已经越来越少了！

森林通讯员　尼·斯拉德科夫

【探究思考】

1. 森林里还有谁苏醒了呢？
2. 那只稀有的小兽到底是什么呢？

【参考答案】

1. 蝙蝠和各种甲虫，蒲公英还有蚯蚓等等。
2. 是一只可爱的鼯鼠。

---

①鼯鼠：又称飞鼠或飞虎，是松鼠科下的一个族，称为鼯鼠族。其飞膜可以帮助其在树中间快速地滑行，但由于其没有像鸟类可以产生阻力的器官，因此鼯鼠只能在树、陆中间滑翔。

飞鸟传来的紧急信件

(来自我们专业的记者)

【阅读提示】

发大水了,森林里的小动物们该怎么办呢?作者通过飞鸟为大家传来了信件,我们一起看看动物们是如何应对春水泛滥的吧!此外,还有许多其他动物们的小故事呢!

【正文批读】

发大水了

春天给森林里的居民带来了很多灾祸。积雪迅速融化,河水上涨,淹没了小河两岸。一些地方已经是洪水滔天了。

各处都有动物受灾的新闻报道。在这些灾民中,最倒霉的是那些生活在地面或者地下的小动物——兔子、鼹鼠①、野鼠、田鼠。顷刻间,洪水就冲毁了它们的住宅,它们变得无家可归,只能四处流浪。

每一只小动物都在设法挽救自己。小鼩鼠从洞里逃出来,爬上了灌木丛,湿漉漉地坐在那儿,等着水退去。它看上去是那么可怜,因为它饿得发慌呀!

当大水来时,鼹鼠还在家里,它急急忙忙地从地下爬出来,跳进水中,去寻找干燥的地方。

鼹鼠是个出色的游泳专家。它游了好几十米,最先爬到了岸上。它已经很庆幸了,没有一只猛禽发现它。要知道,它那油黑发亮的毛皮,可是太吸引这些家伙的注意了。

比喻修辞:说明鼹鼠擅长游泳的特点。

上岸后,见到了土地,它放下心来。它轻车熟路地挖了个洞钻了进去。

①鼹鼠:鼹鼠的拉丁文学名就是"掘土"的意思,在地下掘土生活。主要以昆虫为食,也食蚯蚓、蛞蝓、两栖类、爬行类、小鸟等动物。中国的内蒙古、东北等地的麝鼹,又叫"地爬子"。

树上的兔子

兔子这边发生了什么事？

这只兔子住在河中心的一个小岛上。白天的时候，它在灌木丛躲着，夜里才出来觅食。小杨树的树皮又鲜又嫩，吃着美味极了。而且，这时候出来也比较安全，狐狸和人是不会发现它的。

这只兔子太幼小了，还不太聪明呢。

它根本没有注意到，河水已经把冰块都冲到小岛上来了。

这天，小兔子还在灌木丛里安静地睡着大觉，太阳暖烘烘的，它根本就没发现，大水马上就要来了。直到它感觉自己身上的毛都湿了，才醒来。

它跳了起来，天哪，周围全是水。

大水已经漫上来了，淹没了它的爪子。兔子赶忙向小岛中间跑去，那里还是干的。

但是，河里的水上涨很快。小岛变得越来越小。兔子从这头窜到另一头。它看到，整个小岛都快在水下了。可是，它又不能跳到寒冷的、波涛汹涌的水里面。这么宽的河，它无论如何也游不过去呀！

就这样，整整一天一夜过去了。

第二天早上，小岛的大部分已经浸在水中了。只有一小块地方还是干的，那里长了一棵大树，树干很粗，而且有很多树杈，这只吓坏了的小兔子，只好绕着树干乱跑。

“绕着树干乱跑”，写活了兔子被吓坏了的样子。

第三天，水已经漫到了树根前。小兔子开始拼命地向上跳，但每次都扑通一声掉到水里。

最后，它终于成功地跳到最下面的一根树杈上。兔子战战兢兢地待在那里，等着大水退去，万幸的是河里的水已经不再涨了。

它并不担心自己会饿死，老树的树皮虽然又硬又苦，但还可以用来充饥。

最可怕的是风。它那么用力地摇晃着树，差点儿将兔子从树枝上摇下来。兔子就像一个爬到了桅杆上的水手一样，随着树枝一起剧烈地摆动。河水又凉又急，撕扯着大树、木头、麦秸、动物的尸体，就这样从兔子脚下经过。小兔子已经吓呆了，因为它看见了自己的亲戚——一只死去的兔子仰着身子，顺着水流漂了过来，它的一只僵直的脚上还缠着枯枝。

比喻和夸张修辞：详细地刻画出小兔子的危险处境和落魄之状。

兔子在树上整整待了三天。后来，大水退去了，它才跳下来。

但它只能继续待在河中间的小岛上，等待着炎热的夏天到来。因为夏天河水会变浅，它就可以跑到岸上去了。

船里的松鼠

一个渔夫在水面上布下了渔网，他慢慢地划着一只小船，沿着一片片伸出水面的灌木丛边划过。

突然，一只奇形怪状的“蘑菇”吸引了他的注意力。那只“蘑菇”是棕红色的，它竟然会跳。这不，它一下就跳到小船里来了。

原来是一只浑身湿淋淋、毛蓬蓬的松鼠呀！

渔夫载着它来到岸边，松鼠立刻从小船里跳出去，高高兴兴地跳进森林里去了。

它是怎么来到水中的灌木上的，又在那里待了多久呢？谁也不知道！

连鸟类都在吃苦

对长翅膀的鸟类来说，洪水当然不是什么可怕的事情。实际上，它们也深受其害。

淡黄色的鹀鸟在一条大运河的河岸边做了一个巢，它已经在里面下了蛋。

通常，人们对沙锥是陌生的，所以并不好理解沙锥蹲在树上是什么样子。此处，作者借用了人们比较熟悉的狗蹲在篱笆上的情景，来再现沙锥的尴尬与痛苦。

发大水的时候，它的巢被冲坏了，蛋也被水卷走了，现在它不得不重新做巢生蛋了！

沙锥在树上坐立不安，它着急地等啊，等啊，它在等着大水退去！

沙锥是一种鹬鸟，它长着长长的嘴巴，平常的时候，它会把嘴巴插到软软的稀泥里边，寻找食物。它的双脚在地上站惯了，现在在树枝上这么蹲着，简直就是折磨。就好比狗站在篱笆上一样，真别扭啊！可是，它也不能离开，离开了这片沼泽去哪儿生存啊？

别的沼泽都被另外的沙锥占领了，它们是不会让它过去住的。

意外的猎物

有一次，我们的森林通讯员——猎人，发现了一群野鸭，这些鸭子生活在湖里的灌木丛后边。他穿着长筒胶靴，悄悄地走近它们——湖水已经没到了他的膝盖。

突然，在一丛灌木旁，他发现了一个灰不溜秋的家伙，那家伙挺着光溜溜的脊背在浅水里来回折腾。他没有多想，对着它连开了两枪。

灌木丛后边的水翻腾起来，过了好一会儿，才渐渐平息。猎人走近一看，原来是一条梭鱼，足有一米半长。

现在这个时候，梭鱼从河里、湖里来到岸边——这里的水很温暖，它就在这里产卵。小梭鱼孵出来以后，就随着逐渐退去的湖水一起，回到湖里或河里去。

猎人不知道这事儿。否则，他一定不会违法。我们的法律禁止用枪射击到岸边产卵的鱼。即使目标不清楚时，射击也是被禁止的。

最后的冰块

在小河上曾有一条冰路，农场职工们经常驾着雪橇在这条路上行驶。后来，春天来了，河里的冰裂开了，冰块也浮了起来，沿着水流向下漂去。

这些冰块上遍布着马粪、车辙、马蹄印，甚至还有一根钉马掌用的钉子。

最初，冰块在河水里慢悠悠地漂着。从岸上飞来了一群白色的小鹡鸰，它们落到冰块上，捉上面的苍蝇。

后来，河水漫过了岸，冰块冲到了草地上。鱼儿在被淹没的草地上嬉戏着，绕着冰块游来游去。

大水泛滥之际，小动物都惊慌失措地逃亡，只有小鱼儿还在欢快地嬉戏，对比鲜明。

有一次，冰块附近钻出一只黑色的鼹鼠，它费力地爬上了冰块。大水淹没草场的时候，它正在地底下，差点儿没憋死。这时，冰块的边缘被一座小山丘挡了一下，鼹鼠趁这机会赶忙跳上了小山丘，迅速地挖了一个洞，钻了进去。

河水推着冰块继续前行，最后漂到了一片树林里，被一个树墩挡住了。冰块上立刻聚集了一大群水灾受害者——老鼠、小兔子。大家一样倒霉，都面临着死亡的威胁。所有的小动物都是又惊又怕，紧紧地挤在一起。

可是，水很快就退下去了。太阳烘烤着大地，那块冰也越来越小，最后完全消失了。只留下那根钉子，还平静地躺在木墩上。小动物们依次跳到地上，四散着跑开了。

水上运输

小河里满满地漂着圆木，人们开始用水运的方式运送木材了。在河流注入江河的入口，木筏工人筑了一座堤坝。在堤坝后面，把木材编成一大片筏子。

在我们去的偏僻森林里，流淌着几百条小河，其中大部分注入穆斯塔河。

穆斯塔河注入伊尔明湖。

从伊尔明湖出来的水流过宽阔的沃尔霍夫河，再经过拉多加湖注入涅瓦河。

冬天，在我们区的密林深处，伐木工人把树木放倒，做成木材，推到小河里。于是，这些死掉了的木头顺水漂流而下。这些死木头里可能会住着某只木蛾，于是，它也随着木头去城市旅行了。

伐木工人称得上见多识广了。

有一次，一个伐木工人给我们讲了这样的一个故事。

在林中小河边的一个小树墩上，有只松鼠用两只爪子捧着一个大松果，正在那儿津津有味地吃着。

突然从森林里跑出一条大狗，汪汪地狂叫着向松鼠扑了过去。松鼠本来可以爬到树上躲避敌人的，可是这周围一棵树都没有。

松鼠急忙丢掉松果，翘着毛蓬蓬的大尾巴，跳跃着，向河边蹿去。大狗紧紧地追着它。

这时，河里到处都漂着密密麻麻的圆木。松鼠跳到最近的一根圆木上，接着，跳到了另外一根，又跳到了第三根上。

大狗傻乎乎地跟了上去，可是，狗的腿又细又直，怎么能在圆木上跳跃呢？圆木在水面上打着滚，狗的后腿一滑，跟着前腿也一滑，就掉到了水里。这时，又漂来一大堆圆木。眨眼的工夫，狗就消失了。

那只机灵轻巧的小松鼠呢？从一根圆木跳到另一根圆木上，又从另一根跳到了另外一根，最后，跳到了对岸上。

另外，工人还曾看见过一只野兽，有两只猫那么大，全身棕红色。它蹲在一根木头上，嘴里还叼着一条大鳝鱼。

野兽在圆木上舒舒服服地嚼着自己的美味，吃完之后，捋了捋胡子，滑到水里去了。

动作描写：把河獭的舒适、惬意表现得活灵活现，尤其是捋胡子的动作，更是让人忍俊不禁。

这是只河獭。

鱼儿在冬天干什么

冬天，天寒地冻，许多鱼儿都在睡觉。

秋天的时候，鲫鱼和冬穴鱼就已经钻到河底去了。鮈鱼和小鲤鱼在水底的沙坑里过冬。鲟鱼秋天就聚集到深河底部去过冬——那里冬天也冻不透。

有些鱼几乎一冬都不睡觉，它们都在做什么呢？你们可以在这一期的《森林报》中读到。

所有上面列举的鱼，现在都醒了过来，开始急急忙忙地产卵去了。

【探究思考】

1. 猎人意外发现的猎物是什么呢？
2. 渔夫在灌木丛找到的棕黄色蘑菇真的是蘑菇吗？

【参考答案】

1. 梭鱼。
2. 不是蘑菇，而是一只湿漉漉的小松鼠。

钓钩永不落空

【阅读提示】

本章着重写了钓鱼这件事。钓鱼可是一门大学问,既要讲究技巧,还要掌握一些理论知识呢,比如说哪些地方适合钓鱼,不同的时间要选择不同的钓鱼地点,而且还要知道鱼儿的生活习性呢……

【正文批读】

我们有个古老的、好笑的传统,猎人出发去打猎的时候,大家总是说:"鸟毛你都打不着!"但是,当渔夫出发去钓鱼的时候,人们却反着说:"祝你钓钩永不落空!"

我们读者当中有不少是钓鱼爱好者。我们不仅要预祝他们钓鱼的时候钓钩永不落空,而且还要给他们一些建议和帮助,告诉他们,什么鱼、什么时候,在哪里比较容易上钩。

河水解冻之后,就可以把食饵垂到河底,用它们来钓山鲶鱼了。等到池塘里和湖里的冰消失后,连铜色鲑鱼都可以钓到了。这种鱼喜欢藏在岸边附近,经常会在上一年残留的草丛里躲着。再晚一些时候,就可以捕捉小鲤鱼了。

随着水越来越清,就可以用渔网捞大鱼,用钓钩钓小鱼了。

我们著名的捕鱼专家库尼洛夫说过这样的话:"钓鱼的人应该研究鱼的生活特点,在不同的时间、不同的天气下仔细观察分析。这样,他就会有的放矢,正确地选择钓鱼地点了。"

引用名言:可以增强文章的说服力和表达效果。此处引用捕鱼专家的名言,就是为了强调熟知鱼儿生活特点的重要性。

随着外面的水逐渐退去,河岸逐渐露出来,水也慢慢地变得清澈起来,这时就可以钓梭鱼、鲫鱼、鲤鱼、鳜鱼。可以在以下这些地方下钓钩:河流入口处和河汊子附近,浅滩和石滩旁,特别是在岸边那些被淹没的树或者灌木丛附近,在平静的河流狭窄地段,在跨河的桥下、小船或木筏上——不论河水深浅,都可以下钩。

库尼洛夫还说过:“那种带鱼漂的钓竿,适合钓各种各样的鱼,从早春到整个春天,无论在什么地方钓鱼,都用得上。”

从5月中旬起,就可以在池塘或者湖里,用蚯蚓钓冬穴鱼了。再过几天,还可以钓到斜齿鳊、鳜鱼和鲫鱼。钓鱼最好的地方:岸边的草丛旁、灌木旁和1.5~3米深的浅水滩。不要总在一个地方下钩,如果鱼没上钩,就转移到另一丛灌木旁,或者芦苇丛、牛蒡丛中去。如果你喜欢在小船上钓鱼,那就更方便了。

在风平浪静的小河里,等到水一变清,就可以在岸边下钩了。在静水中,最适合钓鱼的地方是陡峭一点儿的岸边,河中心有树丛的小坑里,岸边长出杂草和芦苇的地方。

有时候,这种小河湾和树丛旁很难靠近:河岸泥泞不堪,或者周围水流湍急。可是,如果能够踩着草墩或者穿着长靴走到这种岸边去,在牛蒡丛或芦苇丛中抛下鱼饵,就可以钓到不少鳜鱼和斜齿鳊了。

沿着岸走,仔细地寻找合适的地方。拨开灌木丛,把钓竿放到树中间,把鱼饵和钓钩甩到没有人钓过的地方。

在桥墩旁、小河口和水磨坊的堤岸上,都会聚集成群的钓鱼者。这些地方,通常可以让你满载而归。

钓大鲤鱼的鱼饵是豌豆、蚯蚓和蚱蜢,把它们挂在普通的钓钩上,从岸上钓就可以。有时候,也可以用特殊一点儿的钓竿。

从5月中旬到9月中旬,都可以用不带鱼漂的钓竿钓鱼。

用这种工具钓淡水鳜,可以选择以下地点:大坑、河水转弯处的急流旁,林中小河比较安静的水域(这种地方堆满了树木),

文章详细介绍了与钓鱼相关的各种知识:从鱼竿的选择、地点的确定、随着时间变化的地点和鱼的种类,不同的鱼需要不同的鱼饵等等,读完这段文字,相信爱好钓鱼的人一定能学到很多知识。

岸边有许多灌木的水域，堤坝下和浅滩下。

有的鲑鱼和鳜鱼，只能在浅滩和暗礁附近下钩。

有几种小鲤鱼和一些个头中等的鱼类，要在离岸不远的激流中下钩，或者是在河底有许多石头的水路中下钩。

【探究思考】

1. 文中提到了哪些鱼饵？
2. 哪些地方最受钓鱼者的青睐呢？

【参考答案】

1. 豌豆、蚯蚓和蚱蜢等。
2. 桥墩旁、小河口和水磨坊的堤岸上。

林中大战

【阅读提示】

作者将森林中植物的生长对空间和水源的争夺比喻为一场“林中大战”。到底是哪些“主角”参与了这场战争呢?

【正文批读】

森林里,异族之间的战争一直持续着。我们派出了几名特派记者去军事前线采访。

> 开门见山,直奔主题。

最初,我们的记者到了一百多岁的老云杉家里,它长着灰白胡子,身材高大。在这里,每棵老云杉的个头都很大,有两根连在一起的电线杆那么高,有的甚至相当于三根电线杆。

这个黑暗的国家永远都那么阴森恐怖。老战士们挺直了腰板冷冷地站在那儿,永远都是那么闷闷不乐。它们的树干从下到上都是光秃秃的,只是偶尔有些枯枝会偷偷地翘出来,弯弯曲曲的,看上去那么苍凉。

> 比喻修辞:从形态到气质,老云杉都像极了老战士。

这些大家伙伸出了毛蓬蓬的爪子,互相缠绕着,形成一座大屏障,遮住了它们的整个国家。阳光射不透厚厚的屏障,下面黑黝黝的,很闷。在这里你能闻到树脂的味道,还有一些潮湿、腐烂的气味。偶尔会有些绿色的小植物长出来,但很快就枯萎了;只有灰藓和地衣对这个忧郁的国家感到满意:它们的食物是主人的血——树浆,它们贪婪地聚集在战斗中死去的老云杉的尸体上。

这里没有野兽的痕迹,也不会传出小鸟的歌声。我们的特派员同志,还是在很久之后,才遇到了一只孤单的猫头鹰。它为了躲避明亮的阳光才藏到了这里，它可能是被吵醒了，还生着气呢。你看，它颤抖着浑身的毛和胡子，那张钩子一样的嘴巴一张一合，仿佛在恐吓着突然造访的陌生人。

在无风的日子里——云杉国里悄无声息。可是，每当微风扫过，这些又高又直的家伙立刻就会怒不可遏，摇着长满针叶的树梢，发出嘘嘘的声音。

在老树林里，云杉种族的亲戚最多，个子也最高，力气也最大。

从云杉国出来后，我们的森林记者来到了白桦林和白杨树的国家。在这里，白色的白桦树、银色的白杨树，都长着绿色的鬓角。它们用窸窸窣窣的声音，温柔可亲地欢迎着客人。数不清的鸟儿在叶子中间唱着歌。太阳穿过树顶的绿叶照耀下来，空气显得五彩斑斓：空中不时划过一道白影，金色的小蛇、圆圈、月牙儿、小星星——在光滑的树干上玩耍。地上生活着的是矮小的草族，看得出来，它们在主人绿色屏幕的遮掩下，把这儿当家了。老鼠、刺猬和兔子在我们记者的脚下跳来跳去。当风从上面刮过的时候，这个国家一片喧哗。可是，在没有风的时候，这里也不是完全寂静的：无论是白天还是晚上，白杨树叶都颤抖着，发出沙沙的声音，窃窃私语。

一条河迂回着绕着这个国家。河对面是荒漠：那边有一个大伐木场。冬天的时候，人们在那砍木头。荒漠后面又是一片大云杉，像墙一样竖在那里。

用幽默的语言点出这场“林中大战”的主角和抢夺目标。

我们编辑部早就知道，当雪从森林里退去的时候，荒漠就不是荒漠了，就会变成一个战场。

林木部落的聚居地越来越拥挤。刚刚有一片新土地空出来，部落里的“人民”马上就开始“入住”，把它变成属于自己的地盘。我们的森林记者过了河，在砍伐地上搭了个帐篷住下来，作为这场战争的见证人。

有一天早晨，阳光明媚地照着大地。突然，从远处传来了好像手枪对射的声音。我们的森林记者急急忙忙地跑向那里。

原来，云杉种族已经开始发动进攻了：它们派出了自己的空军去抢占刚刚空出来的土地。

原来，这次战争的主角正是这些云杉啊！作者用一种客观报道的方式讲述了云杉树传播种子以及种子生长的过程，这样的写作方式很新颖，兼顾了科学性与趣味性。

太阳烘烤着云杉的大球果，发出噼噼啪啪的声音，球果一个接一个地裂开了。每次裂开的时候，都会“砰”的一声，就像小孩子在放玩具枪似的。

球果厚厚的鳞片越鼓越大，一下子爆开了，飞出了许许多多种子。球果就像一个秘密军事基地，基地大门一开，种子像一群小滑翔机一样冲到了空中。风托住了它们，一会儿吹得高高的，一会儿又放得低低的，带着它们在空中飘着。

每棵云杉树上都有许许多多球果，每颗球果里面隐藏着一百多架小滑翔机——种子。无数的种子在空中飞舞，最后降落到砍伐地上，在薄薄的冰碴儿上面滑动着。

可云杉种子还是比较沉的，而且只有一只翅膀。微风并不能把它们送到很远的地方去，它们飞不到砍伐地的一半，就落了下来。几天后，一场狂风刮起，这些小滑翔机重新起飞，又降落，最终攻占了整片空地。

但是，接下来的几天，寒冷的早晨袭击了它们，差点儿没把这些娇嫩的种子冻死。直到一场春雨过后，大地变松软了，才接受了这些小小的移民。

当云杉部落占领砍伐地的时候，河对面的白杨树刚开始开花。它们毛茸茸的种子刚刚开始成熟。

过了一个月，夏天快到了。

在云杉部落阴郁的国家里，正在庆祝愉快的节日。在有些树枝上点起了红蜡烛——年轻的球果，另一些——稍晚一些的——是绿色的球果。云杉换装了：墨绿色的针叶形树叶上，缀满了金黄色的花絮。云杉开花了，它们在偷偷地准备着明年

比喻和拟人修辞：把云杉树的变化写得惟妙惟肖，充满了生机活力。

需要的种子。

而那些埋在砍伐地地下的种子，已经泡在温暖的春泥里了。它们现在已不能称作种子了，应该叫它们小树苗，它们马上就要出世了。

我们的森林记者认为，新的土地最终将被云杉部落占领，另外一些森林部落已经错过了机会。

战争还将出现。

出版下一期《森林报》的时候，编辑部希望能收到记者们发来的详细、新颖的报道。

【探究思考】

1. 作者在描写林中大战时，用到了哪些表现方法？

2. 云杉的球果是如何飞向空地的？

【参考答案】

1. 作者将云杉、白杨等动植物拟人化，把它们变成了一个个勇猛的战士，大量比喻拟人以及排比句的使用，使文章动感十足。

2. 借助风力。

乡村日历

【阅读提示】

写完了森林,作者带领我们将目光转向了乡村。这里也是一派春耕的景象、忙碌的不只有人们,动物们也是忙得不亦乐乎!

【正文批读】

雪刚刚融化,拖拉机已经驶进田里去了。拖拉机不仅会耕地,还能耙地,如果你给它挂上钢爪子,那么,它连树根都能拔得出来。它就这样任劳任怨,把一片片荒地变成万亩良田。

在拖拉机的后面,一群蓝黑色的白嘴鸦脚跟脚地向前挪着,它们看上去是那么自由自在,食物这么丰厚,可以慢慢地享用了。稍远一点儿的地方,落下来一群黑乌鸦和白喜鹊,它们在田间一蹦一跳地寻找着食物。那些从土里翻出的蛆虫、甲虫和它们的幼虫,都是黑乌鸦和白喜鹊的美味。

地耕好了,也耙过了,该做下一件事了。于是,人们开动拖拉机,带着播种机一起往田里撒下精选的种子。

人们正在播种春播作物:最先播种的是亚麻,然后是温柔的春小麦,最后是燕麦和大麦。

至于秋播作物——小麦和黑麦——现在已经长出几厘米了;这两种作物在去年秋天就播种了,在雪下面过了一冬,现在都长得很好。

每当黎明和黄昏来临的时候,在那片愉快的绿色中,就会发出一种吱吱的声音,仿佛有大车压过地面,又好像蟋蟀在大声鸣叫:

拟声词:即摹拟事物实际声音的词。如“砰”“呼哧”“滴答”“咕咚”“丁冬”等。在句子中恰到好处地运用象声词,能生动形象地表现事物的特点、人物的心情、动作的状态,使读者产生联想,产生身临其境的感觉。

"切尔克，维克；切尔克，维克……"

这不是大车，也不是蟋蟀：这是一只美丽的"田公鸡"——灰山鹑在唱歌。

它的样子很漂亮，全身几乎都是灰色的，但眉毛是鲜艳的红色。两只黄色的爪子，橘黄色的脖子，在它灰色的羽毛中间，夹杂着一些白色的花斑。

在这一片绿色的树丛中，它的妻子——雌山鹑——已经做好了巢，在等着它回家呢。

通过写草色的变化来表现时间的推移。

草场上刚长出来的小草，把地面装饰得绿油油的。黎明时分，一阵阵牛、马、羊的叫声吵醒了正在小木屋里睡觉的孩子们，主人们开始去草场上放牧家畜了。

有时候，牛和马的背上会出现一些奇怪的"骑士"，那是寒鸦和白嘴鸦。牛慢悠悠地走着，这些小"骑士"就在它们的背上啄着："嘟、嘟、嘟！"本来牛是可以甩甩尾巴，像赶苍蝇一样把它们赶走的，但它没有这样做。为什么呢？

设问句：为了引起别人注意，故意先提出问题，自问自答，设问除了能引起注意外，还能启发读者思考。

原因很简单：小骑士们身体又不重，最主要的，人家是在帮助牛马呀。原来，寒鸦和白嘴鸦是在吃藏在牛马毛里的牛皮蝇、马虻的幼虫，还有那些苍蝇卵——这些苍蝇趁牛马身上的皮肤擦破，受伤后，就把卵产在了里边。

又肥又壮的丸毛蜂嗡嗡地飞出来了，长着小细腰的黄蜂飞舞着，看上去亮晶晶的，小蜜蜂也该出生了吧。

人们把蜂房搬出来，放在养蜂场上。这些蜂房在地窖里放了整整一冬，现在该是用得着它们的时候了。长着金黄色翅膀的蜜蜂，从蜂房里爬出来，在阳光下晒了会儿太阳，等到暖和了，就伸伸翅膀，飞去采甘甜美味的花蜜了。这可是今年第一次采蜜啊！

植树

我们区春天要栽种几十公顷的树木。在许多地方开发了面积 10~50 公顷的新苗木场。

【探究思考】

1. 人们春播作物的顺序是什么呢?

2. 牛和马的背上会出现一些奇怪的“骑士”们是什么东西呢?

【参考答案】

1. 最先播种的是亚麻,然后是温柔的春小麦,最后是燕麦和大麦。

2. 寒鸦和白嘴鸦。他们可以吃藏在牛马毛里的牛皮蝇、马虻的幼虫。

农场新闻

（尼·巴甫洛娃）

【阅读提示】

农场也开始进入了春天，农场职工们开始干农活了！随着拖拉机的轰鸣声，寒鸦、秃嘴乌鸦等鸟儿们也可以饱餐一顿了。土豆也发芽了，同时，讨厌的芽壁虱也开始闹事了！

【正文批读】

新城市

昨天晚上，一座新的城市诞生了，它就坐落在果园旁边。城市里，所有的房屋都是标准化的。据说，这些房子不是一点点建设起来的，而是人们用担架运来的。城市的居民遇到了一个温暖的日子，大家都欢快地出来散步了。它们绕着自己的屋顶盘旋着，熟悉着新环境。

节日

要是土豆能唱歌的话，你们今天就能听到世界上最快乐的歌了。今天，对于土豆来说可是个大节日：人们把土豆轻轻地放到箱子里，又把箱子放到车上，运到田里。

为什么要这么小心呢？为什么用箱子运输，而不用麻袋呢？

设问：承上启下，引起读者注意。

因为这些土豆都发芽了。这些粗粗壮壮的嫩芽多奇妙呀——它们肥厚的根连在母体上，上面还长出了许多白色的小包，就要冒出尖来了。嫩芽的上面尖尖的，已经长出嫩叶来了。

神秘的坑

从秋天开始，我们就在校园周边开始挖坑。大家都很奇怪，这是干吗用的呀？后来，经常有青蛙掉到里面去。于是，同学们就想：这可能是专门逮青蛙用的吧！

现在就连青蛙也知道了：这些坑是用来栽果树的。

孩子们在每个坑里都栽上了树，有苹果树、梨树、樱桃树，还有李子树。

他们又在每个坑里都立了一根木桩，小心翼翼地把小树苗绑在木桩上。

修指甲

专业理发师正在给牛修指甲。他一边刷着牛蹄子，一边修剪它们，整整四只。很快，这些脚就要走到牧场上去了，它们要整整齐齐才好。

开始干农活了

在田地里，拖拉机日夜轰鸣着。夜里，拖拉机单独工作，早上就不是了，每台拖拉机后面都跟着一群寒鸦。寒鸦忙得团团转，但还是来不及吃完刚刚翻出来的湿润美味的蚯蚓。

在江河和湖泊附近，拖拉机后面跟着的就不是黑色的寒鸦了，而是一群白色的鸥鸟：鸥鸟也特别喜欢吃蚯蚓和那些在土里过冬的甲虫幼虫。

奇怪的芽

黑醋栗树丛里出现了一种奇形怪状的嫩芽，这些嫩芽看上去又大又圆。有些芽已经张开了，看上去就像小个儿的蓝色洋白菜。我们透过放大镜向里面一看，不由得大吃一惊！里面竟然住满了让人恶心的东西——一条条长长的小虫，佝偻着身子，一边撅胡子，一边直蹬腿儿呢！

比喻修辞：生动形象地描写了树芽的形状特点。

这是芽壁虱。这么多芽壁虱在嫩芽里住了一冬，它当然会鼓起来了。扁虱是黑醋栗最可怕的敌人。它们毁坏黑醋栗的芽，还把传染病带到芽上。得了这种病，黑醋栗就不能结果了。

如果树丛里鼓起的芽还不太多，那还可以赶紧把芽摘下来烧掉，如果这种鼓芽已经遍布全树了，那就只好把整棵树都销毁掉。

顺利的飞行

我们的村庄飞来了一批小鱼——一岁多的小鱼。人们把它们装在小水箱里，用飞机运来的。虽然鱼在空中是不能飞的，但它们都还健健康康地活着。看，它们已经在池塘里欢天喜地地游起来了！

森林储存器

田地铺得越来越广了。为了给它们挡风，得需要多少森林啊！我们学校的孩子都知道这件国家大事——植树造林。这不，春天，我们六年级 A 班就出现了一个大箱子——森林储存器。里面装满了槭树的种子、白杨树的花絮、结实的棕色果实。孩子们都带来了自己收集的种子。比如，小维加就带来了十公斤冷树的种子。到了秋天，这个森林储存器将越来越满。那时候，我们会把所有收集来的种子送给政府，让政府开办新的林木培育场。

【探究思考】

1. 那些神秘的坑是干什么用的呢？
2. 村庄里的小鱼儿是怎么来的呢？

【参考答案】

1. 栽果树用的。
2. 人们把鱼儿装在小水箱里，用飞机运来的。

城市新闻

【阅读提示】

在这一章里,我们会看到城市里的春天是什么样子的。植树节到来了,公园里迎来了新客人,动物们也都开始了街上生活……

【正文批读】

植树周

雪早就融化了,大地解冻了。城市和省区都开始了植树周。春天植树的日子,称为植树节。

在学校里、花园里、公园里、房子附近、路上,到处都能看到孩子们忙忙碌碌的身影,他们正在准备植树。

涅瓦区的少年自然科学家试验站准备了几万棵果树树苗。

林木培育场把两万棵云杉、白杨和槭树的树苗,分给了海滨区的各所学校。

布——谷

5月5日清晨,在郊外的公园里响起了第一声"布——谷"!

一个星期之后,在一个温暖、寂静的傍晚,灌木丛里突然传来了鸟叫声。那声音是那么欢快、响亮。刚开始的时候,还是轻轻地叫,后来越来越响,婉转啼鸣着,仿佛有人向铁锅里撒下一把细碎的豌豆似的。

比喻修辞:生动地描写了夜莺歌声的清脆响亮。

这时,大家都听出来了,这是一只夜莺在唱歌。

写雾的轻巧、柔和，给人以美的享受。

细节描写：从颜色、花纹、形态等方面对蝴蝶的外貌作了细致的描绘。

在公园和花园里

树木被一层柔和的、像水蒸气一样的雾给笼罩起来了，这是一层透明的绿色的烟雾。

当大树发芽的时候，这片雾气就会消失。

一只漂亮的长吻蛱蝶出现了。它扑扇着大翅膀，在空中翩翩起舞，褐色的服装上面印着一些浅蓝色的斑点，白色的翅膀末梢看上去仿佛褪掉了颜色似的。

又一只蝴蝶飞来了，它看上去那么有趣。它很像荨麻蛱蝶，只是要小一些，浑身淡褐色，颜色不是那么鲜艳。它的翅膀上长着一些大锯齿，就好像是被人撕去了边缘一样。

你要是捉到它，那可要仔细瞧瞧了，它的翅膀上印着一个白色的拉丁字母“c”，就好像俄语里的“ c ”一样。

自然科学家把它们叫作白蝶。

很快，白蝴蝶、小粉蝶和大白蝶都要出来了。

七鳃鳗

从我国西部边境一直到萨哈林的所有湖泊河流里，都生活着一种奇特的鱼。这种鱼像蛇一样，身子又细又长，而且除了后背之外，身体的其余地方都没有鳍。当它在水里游起来的时候，身子来回地扭动，就和蛇一样。这种鱼的皮很松软，没有鳞片；它的嘴有别于普通的鱼嘴，形状像一个圆形的漏斗。其实，这是个吸盘。当你看到这个吸盘时，你会以为这可能是大水蛭，但绝对不可能是鱼，鱼儿哪有这种嘴呀。

七鳃鳗的两边各有七个鳃孔和一只眼睛，以前人们曾把它的鳃孔误认为是眼睛，所以叫它们八目鳗。

这种鱼在农村叫七鳃鳗，因为在它的身体两侧，每只眼睛后面各有七个呼吸孔。

七鳃鳗的幼鱼很像泥鳅。孩子们经常把它们捉来，挂在钓钩上作鱼饵——用来钓那些凶恶的肉食鱼。

七鳃鳗经常会用吸盘吸在大鱼身上，随着大鱼沿着河流旅行——大鱼无论如何也摆脱不了它。

渔夫们也说过这样的事：七鳃鳗有时候吸在水底的石头上，它吸住后，就开始全身扭动，在水里折腾，石头都被挪动了，这种鱼竟然这么有劲。它们挪开石头后，就在石头底下的坑里产卵。

因此，这种力气惊人的鱼还有个学名，叫作石吸鳗。

它的样子不好看，可是，如果你把它用油轻轻地炸一炸，加上调料，味道可真没得说呀！

街上的生活

每天夜里，蝙蝠都在空袭城市和郊区。它们一点儿都不会在意街上的行人，只顾在空中追捕飞虫和苍蝇。

燕子飞来了。我们这有三种燕子：一种是家燕，它长着叉子似的长尾巴，脖子上有一个火红的斑点；一种是短尾巴，白咽喉的金腰燕；一种是个头小小的，灰褐色、白胸脯的灰沙燕。

排比句式：排比句是把三个或以上意义相关或相近、结构相同或相似、语气相同的词组或句子并排在一起组成的句子。用排比来说理，可收到条理分明的效果。此处，作者将三种燕子的特点分别进行了详细的介绍。

家燕在城市周边的木质房子上给自己做巢，金腰燕的巢直接搭在石头房子上，灰沙燕呢？它们喜欢在悬崖的岩洞里生小燕。

雨燕是在燕子飞来之后很久才出现的。要区分雨燕和燕子是很容易的，雨燕往往刺耳地尖叫着，在房顶上飞来飞去。它们看上去浑身乌黑，翅膀和普通燕子也不一样，是半圆形的，像一把镰刀似的。

咬人的蚊子也出来了。

晴天雪

5 月 20 日，早晨，东边的天空湛蓝湛蓝的，阳光很耀眼。就是这样的天气，竟然下起雪来了。亮晶晶的雪花像萤火虫似的，在空中轻轻飘舞。

比喻修辞：把雪花比喻成萤火虫，突出了雪花的轻盈。

冬天!你这家伙吓唬不了谁的,现在你的雪花已经不能长久啦!它就像晴天雨一样:太阳穿过细雨露出笑脸,这样的雨只会使蘑菇在它下面长得更快。现在下的雪,还没落到地上就融化了。

比喻修辞:抓住了蘑菇外形的最主要特征来写——像一把小伞。

我要去城外、去森林里看看,可能在那里我会很开心。可能在那一落地就融化的雪花下面,有满是褶子的褐色小伞——早春第一批可口的蘑菇:羊肚菌和鹿花菌。

飞机上带翅膀的乘客

如果你事先没听到均匀的嗡嗡声,你会想到飞机里坐的是一些带翅膀的小旅客吗?一批高加索蜜蜂分乘在200间舒服的客舱——三合板做的木箱里。飞机把800个蜜蜂家庭从库班运到我们这里来了。

在来的路上,这群小旅客又吃又喝,飞机上给它们供应了"蜜粮"。

市区里的鸥鸟

涅瓦河一解冻,河面上空就出现了鸥鸟。它们完全不害怕轮船和城市的喧闹声,在人的眼皮底下从容地捉水里的小鱼吃。

当鸥鸟飞累了的时候,它们就直接落到河岸栏杆上,或者铁皮房顶上,待在那儿休息。

致全体同学的公开信

我们听说,我们区很多学校里,学生们都在制作标本。种类很丰富:有矿物标本、昆虫标本,还有很多植物标本集。有的学校希望和我们一起,分享这些更直观的教材。当然,我们也一样,把从世界各地收集的样品和植物标本集邮递给了他们。

我们已经开始收集春花的标本了。暑期的时候,在老师的指导下,我们更加深入地了解了故乡周围的自然,为学校收集了很多新的有价值的标本。我们每个人都想为学校做出更大的贡献。

假期休息过后,晒黑了的我们重新回到教室。植物老师和动物老师利用我们收集的标本,开始给我们讲一些新鲜的知识。我们每个人都听得津津有味。

我们将和别的学校交换我们的收藏品。那时,我们学校的办公室里就将有更多直观的教科书了。

【探究思考】

1. 植树周植树的种类有哪些?
2. 飞机上带翅膀的乘客到底是什么呢?

【参考答案】

1. 云杉、白杨和槭树等。
2. 蜜蜂。

狩猎

【阅读提示】

4月，森林里发生了一件对于动物们来说十分重要的事情——狩猎，因为这性命攸关呢！从这件事情我们可以发现，不止人类社会有叛徒，动物社会也有呢，不信，你们看！

【正文批读】

到马尔基左夫湖去打野鸭

（老猎人的口述）

在市场上

这些日子，在列宁格勒的市场上出售各种各样的野鸭。有的全身都是黑色的，有的非常像家鸭，有的个头很大，也有一些个头特别小。有的野鸭尾巴又细又长，像锥子似的，有的野鸭嘴巴很宽，像铲子一样，还有些嘴巴又扁又窄。

如果一个外行的妇女去买野味儿，那就糟糕了：很可能，她把鸭子买回家去，烤好了，可是谁也不吃，因为这只鸭浑身都是腥味。那就说明，她在市场上买回来的是一只矶凫——一种专门吃鱼的秋野鸭；或者，她买的根本就不是野鸭，而是一只潜水的矶凫。

通过这个有趣的故事，可以知道野鸭和矶凫从外形上是很难分辨的。

而一个有经验的主妇，立刻就能认出买回来的是矶凫，还是美味的野鸭。她一看鸭子的后脚趾，就明白了。

潜水的矶凫的（无论是雌的还是雄的）后脚趾上，有一大块突起的厚皮；在河面上生活的那些“高贵”的野鸭，后脚趾上突起的厚皮很小。

在马尔基左夫湖上

春天的时候，有很多野鸭被拿到市场上去卖了。但是在马尔基左夫湖上，还有更多更多的野鸭。

在涅瓦河口和喀琅施塔得所在的科特林岛之间那一部分芬兰湾，叫作马尔基左夫湖。人们很喜欢在那里打猎。

如果你有时间，可以到斯摩棱河的岸边看看，那里的斯摩棱墓场附近常常会停着一些奇形怪状的小船，这些小船的颜色通常都和河水的颜色比较接近。船的形状也很特别——船头船尾上翘，船底很平，船身面积虽然不大，但是特别宽。这就是打猎专用的划子。

傍晚的时候，如果你运气好，还会看见猎人。通常，他们把划子推到小河里，把枪和其他东西放到船上，然后用一支舵桨两用的木板，操控着小船顺流漂去。

二十分钟之后，猎人就来到了马尔基左夫湖。

涅瓦河上的冰早就融化了，可是河湾里还有一些大块的冰。划子在灰色的波浪中逐渐接近冰块，最后，停到了冰块旁。猎人登上了冰块，他在皮袄上披了一件白大褂，从划子里拎出来一只雌野鸭，用绳子拴好后，把它放到水里，绳子的另一端固定在冰块上。此时，雌野鸭已经嘎嘎地大叫起来。

猎人坐上划子，划走了。

野鸭叛变者和穿白大褂的隐形人

瞧，远处有只野鸭从水面上飞了起来，这是只雄野鸭。它听到雌野鸭的叫声，就飞过来了。

它还没来得及落下来，只听得“乒，乒”两声，雄野鸭就掉水里了。

读到此处，才恍然大悟，原来雌野鸭成了猎人的帮手，是一个“叛变者”。

雌野鸭当然知道自己在做什么，但它还是一个劲儿地叫啊叫的，像个狗腿子一样。

好多雄野鸭听到它的叫声后，从四面八方赶来了。

它们只看见了雌野鸭，却没发现白色透明的冰块旁边，有一个白色的划子，划子里坐着一个白色的猎人。猎人一个劲儿地放着枪，他的划子上的雄野鸭也越来越多。

一群又一群的野鸭，沿着"伟大的海路"蜂拥而来。太阳落到了海里，城市的轮廓消失了——人们在城市那边燃起了篝火。

不能再开枪了：太黑了。

猎人把雌野鸭放到划子里，把船锚牢牢地拴在冰面上，让划子靠近冰块（防止被波浪打翻）。

得考虑一下过夜的事情了。

起风了，乌云遮住了天空，伸手不见五指。

水上的房子

猎人把一个弧形支架固定在划子的两舷上，解开了帐篷，把它搭在架子上。一个小房间出现了。他点燃了煤油炉，从湖里舀了一壶水（马尔基左夫湖里的水，是从涅瓦河流出来的淡水），放在炉子上加热。

雨敲打在帐篷上，发出乒乒乓乓的声音。

但是猎人才不怕雨呢：帐篷又厚又密，雨水根本进不来。待在里面又舒适又温暖：煤油炉简直和家里的火炉子一样暖和。

猎人喝着热茶，吃着东西，又喂了喂自己的狗腿子——雌野鸭，就抽起烟来。

春天的夜晚过得很快。天空已经有点儿泛白了，这片白色一点点伸长，变宽。乌云散了，风停了、雨住了。

猎人从帐篷里探头向外看。

远处，河岸黑乎乎的。既看不见城市，也看不见火光：原来

环境描写：是指对人物所处的具体的社会环境和自然环境的描写。其中，自然环境描写包括：

这一夜的工夫，风把冰块远远地吹到大海里了。

人物活动的时间、地点、季节、气候以及景物等，环境描写对表现人物身份、地位、行动，表达人物心情，渲染气氛都具有重要作用。此处，简练干净的语言写出了时间和天气的变化，为猎人接下来的行动渲染氛围。

糟了！得划很长时间，才能回到城里。幸好半夜的时候，别的冰块没有撞上这一块。否则，不仅划子会被冰块撞碎，而且猎人自己也会变成肉饼。

得快点儿干活啦！

打天鹅

雌野鸭又在水面上“嘎嘎”地叫了起来。这时，旁边出现了一只很大的白天鹅，和它一块儿随着波浪起伏着。天鹅一声都不吭，因为它是只假天鹅。

野鸭们又陆陆续续飞了过来。猎人打了一枪又一枪。

突然，从空中传来了一种声音，好像有人在吹着长喇叭：

“克鲁——克鲁，克鲁——克鲁……”

这时，雌野鸭旁边落下了整整一大群野鸭，它们扑扇着翅膀，嘎嘎地叫着。可是，猎人连看都不看它们一眼。

他快速熟练地往猎枪里装上子弹，然后把两只手合在一起，放到嘴边吹哨子，模仿着天空中的声音：

“克鲁——克鲁，克鲁——克鲁，鲁呜！鲁呜！鲁……”

在万米天空的云朵下面，出现了三个黑点，黑点越来越大，越来越清晰。喇叭声也越来越清楚，越来越大，简直是震耳欲聋了。

猎人已经不再模仿它们的叫声了，因为这么近的距离，人的嗓子是学不像的。

现在可以看到：三只白天鹅，慢慢地挥动着沉重的翅膀，在冰块附近落了下来。在阳光的照耀下，它们的翅膀熠熠生辉。

天鹅越飞越低，兜着平稳的大圈子在低空盘旋。

它们从上面发现了冰块旁的白天鹅，它们以为刚才叫的就是它。心想：它大概飞得筋疲力尽了，或者是受伤掉了队，得去看看它。于是，就向它飞了过来。

转了一圈，又转了一圈。猎人坐在那儿一动不动，只是目光牢牢地锁定着这些大白鸟，它们伸长脖子，一会儿离他近一些，一会儿又离他远一些。

屠杀

天鹅又打了一个盘旋，现在已经飞得很低很低了，几乎就在划子旁边。

分别写三只天鹅被猎杀后的状态，所幸的是，第三只天鹅逃脱了。

乒！最前面的那只天鹅的长脖子，像鞭子一样垂了下来。

乒！第二只天鹅在空中折了一个跟头，重重地摔到了冰上。

第三只天鹅像箭一样，噌的一下，钻入高空，一下子消失在远方了。

“真难得啊，今天可真是太顺利了。”猎人想着，“得快点儿回家了！”

但是，要回到城里，可不是一件容易的事！

乌云已经在马尔基左夫湖的上空聚集了，十步以外什么也看不到。

从市区里传来了工厂的机器轰鸣声，隐隐约约的。一会儿在这边，一会儿在那边，你都搞不清楚，到底应该往哪边划。

薄冰撞在划子的舷上，发出轻微的玻璃破碎的声音，咔嚓，咔嚓。

这样的情况，还能怎么快划呀？难道你真想直接飞着撞上那些又大又厚的冰块吗？

划子要是翻了，你就一个跟头跳进水里去吧！

第二天

在安德耶夫市场上，一大群好奇的人聚在一块儿，端详着这两只雪白的大鸟。

天鹅从猎人的肩上倒挂下来,嘴巴几乎垂到了地上。

孩子们把猎人围起来,一个劲地问着:

——叔叔,这鸟儿是在哪儿打的?难道我们这儿也有吗?

——它们正往北飞,到那儿去筑巢。

——嗯,它的巢一定很大很大吧!

主妇们关心的却是另一件事:

——请问,这种鸟儿能吃吗?有没有腥味儿啊?

猎人应付着她们, 可是乱七八糟的声音一直在他耳朵里嗡嗡着:天鹅的喇叭声,野鸭们嘎嘎的叫声,划子撞冰的咔嚓声。

我们这里讲的,都是以前发生的事情了。

现在,每逢春天,仍然有白天鹅在我们城市上空飞过,云彩里仍然传来那喇叭似的响亮的叫声。但是,和以前比起来,天鹅的数量少多了。猎人们还是想方设法地猎杀这种巨大的漂亮的鸟。

现在,我们这里已经严禁开枪打天鹅了。谁要是打死了天鹅,就必须交很重很重的罚金。

至于在马尔基左夫湖上打野鸭,那是允许的,因为这里的野鸭太多了。

转折句:表示对上文的词语的解释或表示语意某种变化。转折句的作用有:话题的转换,语意的跃进,时间或声音的延续,统领下文。此处转折是写天鹅被猎杀的情况有所改观。

【探究思考】

1. 如何区分矶凫和野鸭呢?
2. 野鸭叛变者指的是谁呢?

【参考答案】

1. 矶凫的后脚趾上,有一大块突起的厚皮,野鸭的后脚趾上突起的厚皮很小。
2. 雌野鸭。

打靶场

第二次竞赛

1. 黑色的时候，到处惹是生非；红色的时候，态度立刻变好。(谜语)

2. 第一批出现的食用蘑菇叫什么名字？

3. 为什么白嘴鸦在田里跟在农民后边走？

4. 喜鹊巢和乌鸦巢有什么区别？

5. 哪种蜘蛛被称作“流浪汉”？

6. 雨燕和家燕，谁先飞到我们这里来？

7. 如果椋鸟的房子不够用，它会选择什么地方做巢？

8. 为什么椋鸟和寒鸦总会在牛羊和马的背上玩耍？

9. 为什么家鸭和家鹅春天忽然会忧伤地叫喊？是什么让它们这么不安？

10. 发大水时，哪些鸟在受苦？

11. 发大水时，法律规定禁止打哪种鱼？

12. 鸟类和爬虫，谁比较怕冷？

13. 青蛙的舌头是靠什么固定的？

14. 这里画着两种鸟的翅膀：一种是住在森林里的鸟的翅膀，一种是住在野外的鸟的翅膀。区分一下，哪种翅膀属于哪种鸟？

15. 前面像锥子，后面像叉子。侧面像锤子，背上穿蓝呢，胸前挂白巾。(谜语)

16. 没门环的大门打开了，没尾巴的小狗跑出来。(谜语)

17. 黑色的家伙不是牛，不长蹄子六条腿。飞行中连声怒吼，落下来急忙挖土。(谜语)

18. 五月出世不是虾，非鱼非人非禽兽。长嘴珍贵嗓音细，飞时叫喊坐无声，谁要动手把它打，报应不爽鲜血流。(谜语)

19. 第一个浇灌，第二个吃喝，第三个一直在长。(谜语)

20. 不会在地上跑，也不会往上面瞧，也没有看见它的巢，却生了好多小宝宝。(谜语)

21. 整个世界都靠它养活，它却一点儿食物都不吃。(谜语)

22. 出现一串小铃铛,变成一串大铃铛。(谜语)

23. 没有翅膀却会飞,没有双脚却会跑,没有船帆却会飘。(谜语)

24. 四个走路,两个顶撞,第七个像鞭子。(谜语)

公告

“锐眼”称号竞赛

第一次测验

看图说话:谁在飞?

天空飞过来许多大鸟。说出它们都是谁?

1. 翅膀弯弯的,两只脚在后面像两根棍子一样支棱着,头和脖子的部分,好像是安在背上的一个问号。它是谁?

2. 天空飞着一只很大很白的鸟儿,它长着长长的脖子,短短的尾巴,翅膀生在后面,看不见脚。它是谁?

3. 这只鸟和第二只鸟很像,只是小一些,是灰色的,脖子也短一些。它是谁?

4. 这只鸟的翅膀生在中间,脖子和脚都像一根木棒一样。它是谁?

图1 图2 图3 图4

谁要是想得到“锐眼”的光荣称号,那么就应该仔细观察广告栏里的图画,然后还要学会根据它们的特征、痕迹,或者标志,认出这些动物是森林里的,还是田野里的。是水里的,还是空中的?

请准备住宅吧!

我们的小朋友,著名的扑灭害虫的专家——鸟中的歌星——现在正在寻找孵小鸟的房子。

现恳求读者朋友们能够帮助它们,为它们准备这样的住宅。

在树干上树枝脱落的地方,有一个凹坑,很容易把它挖深,变成一个洞。在老树腐烂的树干上也很容易挖洞。山雀、朗鹟、鹟鸟和其他喜欢小树洞做巢的小鸟都很喜欢住这种洞,也包括小猫头鹰和黑色的啄木鸟。

对于喜欢在灌木丛里做巢的小鸟,可以按照图 1 的方式。把灌木的树枝扎成一束。

对于在浅树洞里做巢的灰色的鹟鸟和红胸脯的欧鸲[①],要把巢做成下图 2 这样。

对于猫头鹰和寒鸦,要做下图 3 这样的卧式树洞。

图 1

图 2

图 3

请大家加入赈灾救助协会

挽救那些被水淹了的兔子、狐狸、松鼠、鼹鼠和其他陆栖动物,参与者将被授予“马查依老爷爷奖章”。

奖章由少年科学家自己加工制作,用金色或银色的纸包在厚纸圆垫上制成。

根据少年科学家小组的决议,金色奖章将颁发给那些曾经挽救过大野兽(麋鹿、鹿等等比狐狸大得多的野兽)的人。

银色奖章将颁发给那些曾经挽救过小野兽(兔子、松鼠、鼹鼠、刺猬等等)的人。

①欧鸲(qú):一种雀形目小型鸟类,身体小,尾巴长。嘴短而尖,羽毛美丽。如:鸲鹆(又叫“八哥儿”,全身黑色。头及背部微呈绿色光泽,能模仿人说话)。

第三部

欢歌乐舞月（春天第三月）

1. 一年：12个月的欢乐诗篇——5月

2. 森林中的大事

3. 林中大战

4. 乡村日历

5. 农场新闻

6. 城市新闻

7. 狩猎

打靶场　第三次竞赛

公告　“锐眼”称号竞赛

一年:12 个月的欢乐诗篇——5 月

【阅读提示】

5 月,森林变得喧闹起来,动物们竟然开起了音乐会和舞会,好不热闹,在作者笔下,这些可爱的小生灵们仿佛真的成了一个个相互炫技的音乐家和舞蹈家,真让人忍俊不禁呢!

【正文批读】

5 月来了,去开怀唱歌吧,出去散步吧!这时的春天,已经正式开始做自己的第三件事儿了:它开始给森林穿上华服。

森林开始了一个愉快的月份——欢歌乐舞月。

赢啦,赢得胜利啦!太阳用它的光和热,彻底结束了冬天的寒冷和黑暗,赢得了胜利。

在我们北方,晚霞和朝霞联起手来,开始了白夜。得到了土地和水的慰藉之后,生命重新挺直了躯干。高大的乔木穿上用绿叶做成的新衣裳。无数昆虫颤动着轻盈的薄翼,飞到半空中;当傍晚来临时,专门在夜里出来活动的蚊母鸟和行动麻利的蝙蝠,会飞出来捕食。白天,家燕和野燕在空中起舞,雕和鹰盘旋在田地和森林的上空。茶隼和云雀在田野上空扇动着翅膀,身子好像是被细线吊在云朵上面似的。

拟人和比喻修辞:形象生动地介绍了乔木、昆虫等多种动植物的外貌特征,突出了森林里的热闹非凡。

没有铰链的门被敞开了,那些勤劳的、长着金黄色翅膀的蜜蜂集体飞了出来。地上的琴鸡、水中的野鸭、树上的啄木鸟,在森林上空飞翔;被称作天上绵羊的鹬鸟都在一齐歌唱、嬉戏和舞蹈。就像诗人们说的:"现在,我们俄罗斯,所有的鸟和野兽都享受着欢乐。从去年的枯叶下面钻出来的肺草,在树林里面闪耀着蓝莹莹的光。”

为什么我们的5月会被称为“啊呀月”?

因为这个月份时暖时凉。白天的时候明明阳光明媚，到了夜里却要不停地“啊呀”，别提有多凉了。在5月，有时候躲进树荫下就像到了天堂；在5月，有时候你却要给马铺上稻草，自己也得烧火炕取暖。

愉快的5月

每只动物都想展示出自己的勇猛、力气和机智。可是，现在森林里很少能听到歌声，看到舞蹈。因为动物的牙齿直痒痒，它们都想打架，瞧见没有，到处飞舞着绒毛、兽毛和羽毛。

比喻修辞：简洁生动地表现出动物们的蠢蠢欲动。

森林里的居民们都在忙碌个不停，这是春天里的最后一个月份。

夏天紧接着就要来了，到那个时候，它们的整个心思就要放在筑巢和孵育小鸟上面了。

村里人都说：“春天其实很想一辈子都留在俄罗斯不走，可是等到布谷鸟和莺一唱起歌，它就倒进夏天的怀抱里了。”

【探究思考】

1. 请举出森林里十分欢快的动物有哪些?
2. 为什么我们的5月会被称为“啊呀月”?

【参考答案】

1. 蜜蜂、琴鸡、野鸭、啄木鸟、鹬鸟等。
2. 因为这个月份时暖时凉。

森林中的大事

【阅读提示】

森林里好不热闹啊！夜里，各种声音此起彼伏，作者运用了丰富的词汇，让动物们的表现更加形象。在这一章里，我们可以看到，有的鸟儿也是需要徒步返回家乡的，松鼠居然也是可以吃荤的……

【正文批读】

森林乐队

莺在这个月就开始唱歌了，它不分白天夜晚，一直在尖声啼叫着，婉转地唱着。

孩子们当然很惊讶，它到底什么时候才休息呀？原来，在春天里，鸟儿是很少休息的，每次只小憩那么一小会儿：有时候是在两首歌曲之间稍微歇一会儿。偶尔，它也能睡一觉：有时是在中午睡会儿，有时候是在午夜。

在黎明和傍晚，不只是鸟儿喜欢出来歌唱、嬉戏，其实森林里所有的动物都喜欢，它们纷纷把这方面的才艺努力展示出来。你可以听到吼叫声、嗥叫声、咳嗽声和呻吟声，还可以听到吱吱声、嗡嗡声、呱呱声、咕哝声，不绝于耳。

有清脆的声音、婉转的嗓音的，是一些燕雀、莺和鸫鸟；而甲虫和蚱蜢则拉起了提琴，奏出嘎吱嘎吱的乐曲；啄木鸟们敲起鼓；黄鸟和身材小巧的白眉鸫，则细声细气地吹起笛子。狐狸和白山鹑叫着，牝鹿咳嗽着，狼嗥叫着，猫头鹰哼唧着，丸花蜂和蜜蜂拍着翅膀嗡嗡着，青蛙一会儿发出咕噜咕噜的响动，一会儿又呱呱地大叫起来。

这一段中，作者为我们描绘了很多种动物的声音，比如燕雀的声音是清脆婉转的，黄鸟的声音是细声细气的，真是让人大开眼界。

就算是没有一副好嗓子，也没有谁会觉得害羞，每种动物都会根据自己的喜好来选择乐器演奏。

啄木鸟寻找那些能发出好听声音的树干作为它们的鼓，而它们那结实的嘴巴就成了它们最佳的鼓槌。天牛摇动着自己的颈部，发出嘎嘎的响声，这和小提琴有什么不同啊？

蚱蜢用自己的小爪子抓开翅膀：它们的小爪子上长有小钩子，翅膀上带着天然锯齿。

火红的麻鳽[1]把长长的嘴伸进水里，努力吹着，湖水泛起阵阵波澜，听起来就像牛叫似的。

还是沙锥最厉害，它竟然会用尾巴来唱歌。只见它一下子冲上云霄，再大头向下，张开尾巴俯冲下来。于是，它的尾巴鼓起风，活像一只在森林上空喊叫的绵羊！

看，这就是我们的森林乐队。

客人

在乔木和灌木丛下面，离地面不算太高的地方，顶冰花的花朵早已绽放了，就像一颗颗金色的星星一样。

这些花开放的时候，树木仍然光秃秃的，春天的阳光可以穿过森林一直照射到地面上。在温暖的阳光照耀下，顶冰花绽放着，旁边的紫堇，也陪着它开出了小花。

看到这些小花，心里别提有多高兴了！紫堇[2]浑身上下都显得那么婀娜多姿：那些曼妙的淡紫色小花朵，一束一束开在长长的小茎的梢头，锯齿形的小叶子生得翠绿翠绿的。

不久，顶冰花和它的女朋友紫堇已经到了必须回家的时候了。因为乔木投下的影子越来越暗了，如果它们仍然没有做好回家的准备，就无法在这里生存了。它们的房子就建在地下的世界。来这地面上的世界，只不过是暂时出来旅游而已。当

拟人修辞：将花儿的凋谢比喻为回家，淡化了悲剧色彩，让人感觉到这些植物顽强的生命力。

①麻鳽(jiān)：我国俗称的比翼鸟。

②紫堇：别名有断肠草、野花生(贵州草药)、蝎子花、闷头花、麦黄草(陕西中草药)等。

撒下自己的种子以后，它们就消失不见了。在地下某个深深的地方，它们的球茎和小块茎将整整待足一个夏天、一个秋天，再加一个冬天。

如果你想把它们放到自己家里养，那么，就要趁它们的花朵还没凋零的时候，赶紧挖，而且要小心翼翼地、仔细地挖。有时候，它们那白色的、长在地面下的长茎，会让你非常吃惊！

在土冻得非常厚的地方，这些小客人的球根和块茎，会深植于一处很深的地下。而在相对暖和的有“被”覆盖的地方，它们就会离地面稍近一些。当你把它们移植到家里的时候，可要记住这个特点。

田野里的声音

我和一个同事要去田里清除杂草。我们静静地走着，突然听到草丛里传来一只鹌鹑的声音：“去除草！去除草！去除草！”

我回答它说：“我们正是要去除草呀。”可它还是自顾自地说：“去除草！去除草！去除草！”

我们经过一个池塘，两只青蛙从水下探出头，鼓动着耳后的鼓膜，一声叠一声地叫着。只听一个青蛙叫道：“傻瓜！傻瓜！”另一只冲它回喊：“你傻瓜！你傻瓜！”

我们走近了农田，遇到几只长着圆翅膀的田凫①。它们在我们头顶上扑扇着翅膀，问我们：“是谁？是谁？”

我们则回答它们：“可拉斯诺雅尔丝克人。”

鱼的声音

有人用录音带录下了水下的声音，用无线电广播放了出来。房间里面的人说话的声音立刻被覆盖了。只听到从扩音器里传出一种从前不为人知的声音：喑哑的啾啾声、吱吱嘎嘎的

①田凫：又叫“凤头麦鸡”，分布在欧洲的温带地区，在湿地、草地中筑巢，每年4月份出现在爱沙尼亚，9月至10月份间南飞。

尖叫声、类似人类的呻吟和哼唧声，还有某种很特别的哼哼声，突然又夹杂着一阵震耳欲聋的唧唧声。原来，这是各种黑海鱼的声音。每种鱼类都有自己独特的叫声，这使它很容易和水下王国其他居民的声音区别开。

现在，由于声呐的发明，在这种敏感的水下“耳朵”的帮助下，我们更加认定，水下的王国完全不是沉默的世界，鱼类并不是哑巴。这个发现具有十分重要的现实意义：利用这种仪器，我们就可以探知，在什么地方聚集着大批捕鱼业要捕的鱼类和它们迁徙的方向。这样一来，我们捕鱼的时候就不用再单凭运气，也不会那么盲目了，直接就可以判断出它们的具体位置。也许，就在不久之后，人类还会模仿鱼类的声音，将鱼群引诱过来。

房檐下

花朵里面最娇嫩的东西是花粉。如果花粉被浇湿，就会坏掉。无论是雨水还是露水，对它们都是不利的。那么，花粉是如何保护自己不被雨露浇湿的呢？

铃兰、覆盆子和越橘的小花朵，都像一只只倒悬着的小铃铛。所以，它们的花粉都是藏在“房檐”下面的。

比喻修辞：抓住了铃兰、覆盆子和越橘最主要的特点——像倒悬着的小铃铛。

金梅草的花是向上绽放的。它的每一片小勺子似的花瓣，都严实地向里面扣着，每片花瓣的边缘都相互紧扣起来。这样，每个方向都被盖得严严实实的，整体看起来像个小球一样。就算雨点打到花上，里面的花粉也不会碰到一滴雨。

凤仙花现在还是花苞呢，它的每一朵花都躲藏在一片叶子下面。这是多么聪明的做法啊：花梗正好架在叶柄上，这样花朵就开放在“房檐”下面固定的位置。

野蔷薇花朵里有很多雄蕊，每当下雨的时候，它的花瓣就闭合起来。每逢天气不好的日子，花儿就马上关闭入水口。而毛茛的花则是垂向地面的。

森林之夜

一位森林记者写信对我们说："有天深夜，我去了森林——想听听夜晚的时候，森林里有什么声音。我听到了许多不同的声音，但这些声音到底是谁发出来的，我却不得而知。让我怎么给《森林报》写稿准确地描述它们呢？"

我们是这样答复他的："你只要把你听到的都叙述出来，我们会想办法弄清楚的。"

于是，他给编辑部寄来了这样一封信："说实在的，那天夜里，我在森林里听到的声音都是杂乱无章的，根本就不像你们在报纸上写的什么像乐队合奏一样。

鸟声逐渐平静了下来，直到最后连一点儿声音都没有时，已经到了午夜。

后来，在某个较高的地方，传来了低沉的拨弄琴弦的声音。一开始，声音非常轻，后来逐渐大了起来，越来越大，越来越低沉；又过了半晌，声音又渐渐变小，直到最后，一丁点声音都听不见了。

我心想：看，前奏还是挺好的，虽然只用了一根弦，但也算是有个开始。

先说这是一阵笑声，接着又说这笑声很可怕，逐层递增，不由让人毛骨悚然。

突然，森林里传出几声'哈！哈！哈！呵！呵！呵'的怪异声响，就像是有人在大声狂笑，那声音简直太恐怖了！我感觉像有一群蚂蚁从我的脊背上爬了过去。

我又想：这难道是在夸奖音乐家吗？明显是在嘲笑吧。

一会儿，又安静了下来。许久，许久，我想：这回不会再有什么响动了吧！

可是不久，我又听到一阵声音，像是有人在给留声机拧发条，不停地拧啊，拧啊。可迟迟不放音乐，难道它们的留声机坏了?

接着声音再次停止,没人上发条了。又安静了一会儿,又开始拧起了发条:‘特尔尔,特尔尔……’那声音响个没完,真讨厌。

后来,发条好像终于被拧好了。我心想:这回,总算可以放上唱片,来点儿音乐了吧。

忽然间,竟然有人在鼓掌,那声音听起来又响亮,又热烈。

这到底是怎么一回事儿?我琢磨着,‘还没开始演奏呢,怎么就鼓起掌来了?’

这就是我在森林里听到的一切。接着,还是有人给留声机上发条的声音,响了很久。可是,还是什么音乐也没有,却仍然有人给他鼓掌。我一生气,就干脆回家了。”

说实在的,我们的森林记者是不该生气的。

他所听到的那种像琴弦似的低沉的声音, 大概是某种甲虫,也许就是金龟子,在他的头顶掠过。

发出哈哈大笑声的应该是一只大猫头鹰,叫灰林鸮①。它的声音一直就是这样不怎么好听,可是,你拿它也没什么办法!

给留声机拧发条,发出“特尔尔,特尔尔”声音的,则是蚊母鸟,那是一种专门在夜间活动的鸟,但并不是猛禽。蚊母鸟当然没有什么留声机,它的声音是从它的喉咙里发出来的。它自己可是认为它在认真地唱歌呢!

“鼓掌”的也是它,但并不是拍手,而是用它的翅膀在空中“呼,呼,呼”地拍,听起来非常像拍巴掌。

可它为什么要这么做?我们编辑部的人也没法解释,连我们自己也不知道!

也许它就是开心,拍着玩儿的。

①灰林鸮:一种中等身形的猫头鹰,在欧亚大陆的林地很普遍。

动作描写：灰鹤多变的舞步真的是令人忍俊不禁。

游戏和舞蹈

灰鹤在沼泽地上举办了一场热闹的舞会。它们彼此围成一个圈，其中一只或者两只会走进圈里，开始跳起舞来。

刚开始还看不出有什么，只不过是用两条细长的腿来来回回地跳跃罢了。到了后来，就越跳越有趣了。它们迈着奇怪的舞步，转着圈，上蹿下跳，看了能把人逗笑，像极了踩着高跷跳俄罗斯舞！其他灰鹤围站在四周，为它们齐声伴奏。它们一起拍动着翅膀，一下一下地打着拍子。

而猛禽的舞蹈和嬉戏则是在半空中开始的。

最独特的是游隼①。它们可以一直飞到云层下边，在那儿表演着自己的灵活性。有时，它们会突然把翅膀全部收起来，像块石头一样从让人眩晕的高空坠落下来，直到马上就要摔到地面时，才又打开翅膀，在空中划了一个大圈，重新飞上去。有时，它们又会停在距离地面非常高的半空中，就那样张开翅膀一动不动地悬在那儿，就像有根线把它吊在云朵上面一样。有时，它们又会突然间在半空中打起滚来，活像是天空中的小丑一样，翻着跟头，不停地翻转着落向地面，做着一系列“死亡飞行”，直到接近地面的时候，又转一个大圈，拍着翅膀飞走了。

最后一批鸟

春天马上就要接近尾声了。

最后一批去南方过冬的鸟，也飞回我们列宁格勒区来了。

正和我们预想的一样，这些鸟穿上了自己最鲜艳、最美丽的华服。

在这几段文字中，我们可以习得丰富的描写颜色的词

现在，草场上盛开着朵朵鲜花，树木和灌木都长出了翠绿新鲜的叶子，鸟儿们可以轻易地躲开那些猛禽的攻击。

①游隼：中型猛禽。我国新疆种属别名花梨鹰、鸭虎。体形比较大的隼类，体长为38~50厘米，翼展95~115厘米，体重647~825克，寿命16年。

在彼得宫的小河上空,人们发现了翠鸟。它们是从遥远的埃及飞来的,身上穿着碧绿、棕色、浅蓝的三色礼服。

长着金黄色羽毛的金莺刚从南非洲飞来,它们扇动着黑色的翅膀,在丛林里鸣叫着,那声音听起来像是有人吹着横笛,又好像是一只瘦弱的猫发出的细弱叫声。

在潮湿的灌木丛里,生活着长着蓝胸脯的小川驹鸟和色彩斑斓的野鹟。而金黄色的黄鹡鸰,则总是在沼泽地的上方被发现。

伯劳长着粉红色的胸脯,五彩流苏鹬则长着毛蓬蓬的领子,还有佛法僧鸟浑身是绿色与蓝色相间的羽毛,它们也都飞了过来。

语:翠绿、碧绿、浅蓝、色彩斑斓等等。我们仿佛看到了一幅色彩缤纷的百鸟图。

秧鸡

还有一种长着翅膀的禽类——秧鸡,它们几乎是从非洲走着过来的。

秧鸡飞行十分不容易,而且飞行速度也不够快。

当它飞行时,鹞鹰和游隼很轻松地就能抓到它。

不过,秧鸡有着十分惊人的奔跑能力,而且非常擅长在草丛里躲避天敌来袭。

因此,只有深夜里不得不飞的时候,它才会展开翅膀飞一会儿。

现在,秧鸡在我们这儿又高又茂密的草丛里成天吵吵嚷嚷着:"克列克!克列克!"

你可以听到它的叫声,但是,如果想把它撵出草丛,仔细看看它究竟长什么样,那你就不妨试试看吧!

谁在笑,谁在掉眼泪

森林里,大家都是高高兴兴的,唯有白桦树在哭泣。

为什么白桦树会哭呢?此处设置悬念,吸引读者继续阅读下去。

在热烈的艳阳的烤炙下，白桦树的树浆沿着它白色的躯干往外流，而且越流越快。从树皮的毛孔里，一直流到树的外面。

人们认为白桦树的树浆称得上是最棒的饮料，味道十分不错，又对健康有益。所以，人们就学着割开它的树皮，用瓶子把它的树浆收集起来。

可是，如果白桦树流失了太多的树浆，就会因此枯死，因为它们的树浆就像我们人类的血液一样呀！

松鼠开荤

松鼠整个冬天都在吃植物类的食品——松果，还有秋天储存起来的蘑菇，是完全的素食主义者。现在，它终于等到开荤的时候了。

许多鸟已经筑好了巢，下了蛋，有的甚至已经孵出了雏鸟。

松鼠对这件事很在行：它在树枝和树洞里到处搜寻鸟巢，偷吃里面的雏鸟和鸟蛋。

这个看起来挺可爱的小东西在破坏鸟巢方面，可不输给任何猛禽呢！

我们的兰花

这是一种招人喜欢的花，尤其在我们北方是非常珍稀的品种。当你看到它们的时候，非常自然地就会联想起它那非常出名的亲戚——那些生长在热带雨林里的奇兰。奇兰长在树上，而我们这儿的兰花生长在地面上。

比喻修辞：生动形象地再现了兰花根部的外形特征。

有些兰花的根长得非常怪异，好像一只胖乎乎的小手，张开五根手指。而它们的花，有时候十分美丽，有时候却不怎么好看。不过，兰花真是香气袭人啊！不管是哪个品种的兰花，都是香气浓郁，让人陶醉。

最近，我去了罗普萨，在那里，我见到了品质最高的兰花。

一种我从来没见过的植物，它生有五朵美丽的大花。我把其中一朵抬起来一看，立刻就厌恶地缩回了手，因为有一只怪异的红褐色苍蝇正躲在花朵里。我拾起麦穗想赶走它，可它一动不动。我再定睛一看，原来这并不是一只苍蝇。你看，它的身子好像天鹅绒般顺滑，上面还布满了浅蓝色斑点，一对毛茸茸的短翼，有头，还有一对触须。不过，这不是真正的苍蝇，这只是花朵的一部分，我从前从来都没听说过，它叫"蝇头兰"。

去找浆果吧

草莓熟了。在向阳的一面，已经能发现一些熟透了的草莓了。你不妨试着吃一口，那口感多么香甜，多么诱人啊！保证让你经久难忘。

覆盆子也成熟了，在沼泽里生长的桑悬钩子也快熟了。长在枝头的覆盆子果实有很多很多，一株草莓上却很少有多于五个浆果的时候。桑悬钩子则最为吝啬，它仅在茎的末端长出一枚果实，而且并不是每根茎上都有，其余一些只开花不结果。

甲虫——阎魔虫

我发现了一只甲虫，但并不晓得它叫什么名字，也不知道该喂它什么东西吃。

它的样子看起来像只瓢虫，但一般瓢虫的壳都是那种红色带有白色小圆点的，这只却是通体乌黑，圆圆的壳，比豌豆稍微大一点儿，长着六只爪子，还会飞，因为它的背上长着一对黑翅膀，强劲有力，而黑翅膀下面还有一层薄薄的黄翼。当它掀起黑翅膀，再展开黄翅膀的时候，就飞了起来。

好玩的是：每当它觉得有危险的时候，就会把自己的六只小爪子藏进肚皮底下，触须和头也往回一缩，都藏进自己的硬壳内。这时候，你把它拿在手里仔细看，怎么也不会承认它是

欲扬先抑：先表达对所描写的事物或人的不满或不了解。到后来逐渐转变了看法。这种写作手法能够很好地表达出作者充沛的感情，使情节多变，形成波澜起伏，造成鲜明对比，容易使读者在阅读过程中，产生恍然大悟的感觉，留下比较深刻的印象。此处

先写对甲虫的一无所知，到后来详细刻画这只甲虫，加深了读者对这种甲虫的了解。

只甲虫了，它看起来更像一粒小小的黑色糖果。

这样再过上半晌，中间没谁动它，它就会先试探着伸出小爪子，然后是头，最后连触角也伸出来啦。

恳求您告诉我：这究竟是一只什么甲虫呢？

编辑部的答复

因为你把小甲虫描述得十分详细，所以，我们可以立刻猜出它是什么甲虫了。它叫阎魔虫，又叫乌龟虫。因为它就像只乌龟一样，爬得非常非常慢，它能把自己整个缩回壳里。它的壳很深，深到可以把头、脚、触须一股脑儿装进去。

阎魔虫有许多种类，有黑色的，也有其他颜色的。它们以吃腐烂的植物和粪便为生。

还有一种阎魔虫的身体是黄色的，浑身布满了细细的毛，它居住在蚂蚁的窝里。它喜欢到处乱飞，瞎晃荡，飞累了就回到居住的蚂蚁窝里。蚂蚁们从来不去动它。蚂蚁们在保护自己家的同时，也认真地保护着它们的房客——阎魔虫，不至于受到敌人的威胁。

像漏斗一样的窠

5月28日　在我家窗户正对面的邻居家小木屋的屋檐下，有两只燕子正在筑巢。这事儿可真让人高兴，现在，我可以清晰地观察燕子们那座以精巧著称的小圆房子了，而且我还能够全程欣赏它们的整个建巢过程了。接下来又是什么时候孵蛋，什么时候喂乳燕宝宝？总之，有关燕子的一切，都可以清楚地知道了。

我开始留心观察，燕子们跑到哪里弄来的这些建巢原料呢？原来，就在村子中心的小河边取出的泥土。只见它们直接降落在临着水边的岸上，用嘴巴挖起一小块泥巴，衔起来急急忙忙地飞回小木屋。它们轮流负责把泥巴粘在屋檐下的墙壁上,又匆匆忙忙地寻找新的泥巴。

5月29日　糟糕,搞了半天,不只是我一个人看到燕子做窝兴高采烈,就连隔壁的大雄猫费达谢奇,也起了个大早爬上了房顶。这只灰色的大猫是个标准的流浪儿。它经常和附近别的猫打架,身上的毛被抓得斑斑驳驳,甚至连右眼都被抓瞎了。

它一直都在盯着忙忙碌碌的燕子,时不时地还向屋檐下面张望,好像在查探巢做得怎么样了。

动作描写:生动地再现了大猫费达谢奇对燕子们的不怀好意。

燕子们发现了它,不由得惊慌失措地叫起来。如果猫不离开,它们就不肯再筑巢了。难道它们想放弃这儿了吗?

6月3日　这些天里,燕子已经筑实了巢的基座,这个基座像一把细细的镰刀。费达谢奇还是经常会爬到屋顶吓唬它们,干扰它们的辛苦工作。今天整个一下午,燕子们根本就没回来。也许,它们确实要放弃这个半成品了。它们正在寻找更加安全的地方,如果是那样,我就什么也看不到了!

真是倒霉,倒霉透顶!

6月19日　这些日子以来,天气一直都十分炎热。屋檐下面那个用泥巴垒起来的镰刀似的基座已经完全被晒干了,变成灰秃秃的颜色。燕子再也没出现过。白天,天空出现了一大片乌云,只一小会儿,天空中就下起了倾盆大雨。窗外好像挂起了一面用雨丝做成的密密实实的雨帘。街道两旁的水流很急,甚至形成了一条小河。人们已经没办法蹚水过街了。河水肆虐地流淌着,好像发了疯似的。岸边的黏土被水和成了一片稀泥,脚踩进去,能一下子陷到膝盖。

黄昏来临的时候,雨终于停了。突然,我发现一只燕子飞回了屋檐下。在那镰刀形状的基座上停留了一会儿,又飞走了。

我想:"也许燕子并不是害怕费达谢奇,它们只是因为那些日子里，哪儿都找不到潮湿的黏土才飞走了，现在也许它们会再次归来！”

6月20日 飞回来啦！终于飞回来啦！而且不是一对，是小小的一群呢，就像个大家庭一样。这群燕子围绕着屋顶不停打着转，并朝屋檐下面看，还激烈地吵嚷着，好像在起劲地争吵着什么。

它们争论了足有十分钟，然后再次飞走了，只剩一只还留在那儿。只见这只燕子抓着巢的基座，就这样待在那里不动，只是时不时地用嘴巴修整一下基座，或者它是想用自己黏糊糊的口水润湿一下黏土吧。

我琢磨，这只雌燕应该就是这个巢真正的主人。因为雄燕也很快飞了回来，嘴对嘴地把一小块泥交到雌燕嘴里。雌燕继续筑巢，雄燕则快速地飞去寻找新泥巴了。

大雄猫费达谢奇很快又回到了屋顶。但燕子们已经不怕它了，即使猫在那儿蹲着，它们仍然不喊也不吵，一直辛勤工作，直到太阳下山。

看来，我又能亲眼目睹燕子做巢的全过程了！可能是因为燕子们肯定知道，费达谢奇的爪子根本够不到屋檐下。所以，只有把巢做在那儿，才是真正安全的。

斑鹟[1]的巢

5月中旬的一天晚上，8点左右，我家的花园里有一对斑鹟到访，它们落在白桦树旁的板棚顶上，我此前曾在那棵树上挂了一个敞开盖的树洞样鸟巢。后来，雄斑鹟飞走了，而雌斑鹟留了下来。它落在鸟巢上，却并未飞进去。

过了两天，我又看到了那只雄斑鹟，它钻进了鸟巢里一次，然后飞出来，降落在一棵苹果树上。

---

①斑鹟：黄斑鹟，中等体型（15厘米）的灰色有细纹的鹟。上体烟灰色，头顶是黑色细纹，下体白色，两肋是灰色细纹，翼及尾褐色，羽缘色浅。

接着,一只朗鹟飞来了,不久,它们两个就打起架来。这个情形再明白不过了,因为朗鹟和斑鹟都想成为这个鸟巢的主人。斑鹟不肯让位,朗鹟就动手开抢。

拟人修辞:赋予朗鹟和斑鹟以人的行为特点,它们居然像人一样为了争夺领地而大打出手。

最终,显然是斑鹟赢得了胜利。于是,两只斑鹟住了进来。雄斑鹟开始一边哼着歌,一边在鸟巢里忙进忙出,片刻不停。

一对燕雀落在白桦树的树梢上,但是斑鹟根本看都不看它们。因为它知道,燕雀不会成为自己的敌人。燕雀们会自己筑巢,而且它们也不喜欢住在洞里,连寻找的食物也与斑鹟不同。

又过了两天,一大清早,有只麻雀飞到了斑鹟家里。雄斑鹟向它猛扑过去,它们在洞里面展开了一场恶斗。

忽然间,一切动静都消失了。我赶忙跑到白桦树前,用棍子使劲敲树干,洞里飞出了一只麻雀,可是没有雄斑鹟的影子,唯有雌斑鹟一刻不停地围着鸟巢飞,惶惶不安地哀鸣。

我非常替雄斑鹟担心,害怕它已经死掉了,就探头向树洞里望了望。它浑身的羽毛都凌凌乱乱的,但至少还活着。巢里面有两个蛋。

雄斑鹟在树洞里待了很久。当它再次飞出来的时候,显得非常虚弱。它刚一落到地面上,就有几只母鸡跑过来啄它。我深深地为它的命运担忧,于是把它带回了自己家里,喂给它苍蝇吃。到了晚上,又把它送回洞里。

过了一周,我又去鸟巢那儿探访,闻到鸟巢里面散发出一股腐烂的气味。雌斑鹟仍然在孵蛋,可雄斑鹟一动不动地倚着墙边,它已经死去了。

我不晓得,是麻雀再次来袭,还是第一次打架后,它就已经丧了命。

雌斑鹟一直在窝里待着,甚至在我当着它的面掏出雄斑鹟的尸体时,它都没飞出来。但是,它终究还是平安地把一窝小斑鹟孵了出来。

【探究思考】

1. 松鼠开荤？它吃了什么呢？

2. 白桦树为什么会"哭"呢？

【参考答案】

1. 松鼠在树枝和树洞里到处搜寻鸟巢，偷吃里面的雏鸟和鸟蛋吃。

2. 在热烈的艳阳的烤炙下，白桦树的树浆会沿着白色的躯干往外流，而且越流越快。

林中大战

(续前)

【阅读提示】

森林里逐渐变得春意盎然了,可是看似平静的外表下面,却隐藏着一场不可避免的战争。为了争夺水源,野草与云杉树展开了激烈的战争,而且,白杨树和白桦树也加入了战争的行列,战争的结果会如何呢?

【正文批读】

你们还记得吗?就是居住在砍伐地的森林记者写信给我们的那件事,他们就是从那天起,一直在等待着砍伐地重新变绿,等待着小云杉破土而出。

事情还真的像他们期待的那样发生了。在下过几场暖雨之后,在一个晴朗的早晨,砍伐地竟然变绿了。可是,到底是谁破土而出了呢?

并不是那些小云杉,而是些不知道从哪儿钻出来的杂草,主要有莎草和拂子茅。它们生长得又迅速又浓密。现在不管小云杉再怎么努力生长,它们还是迟来了一步,因为杂草大军已经完全占领了砍伐地。

通过对比,写杂草的长势凶猛。

在另外一个砍伐地上,再早些时候,同样的战争已经发生过了。过程是:小云杉使劲地想要拨开头顶上密密麻麻丛生的野草。可杂草们寸土不让,它们拼命地挤压着小树。不仅地面上战争打得火热,就连在地下的战役也已经打响。

野草和树木的根系,就像凶狠的鼹鼠一样,在地下钻来钻去。它们彼此盘根错节,相互纠缠,为了从对方手中夺取丰富的营养——富含盐分的地下水而战。很多小云杉在还没见到太阳之前，就已经在地底下被野草根缠死了。草根既柔韧又结实，就跟细细的弹簧丝差不多。

还有些小云杉好不容易努力挺出了地面，却还是被周围的野草茎团团包围了。

小云杉壮实的树干也被野草缚住了。它试图努力地伸展向上，想要冲破野草柔韧而密匝的纠缠，但野草就是不让它们接触到阳光。

只有在极少数的地方，有很少的几棵小云杉在野草军团的强大火力攻击之下，还能够冲出来。

在采伐地发生的战斗正进行得如火如荼的时候，河对岸的白杨树刚刚开始开花。显然，白杨已经准备好了艰难的远征，它们决心要在河对岸成功登陆。

它们的柔荑花序展开了。每个柔荑花序里都飞出了几百个白色的独角小伞兵，那是它们的种子，每个小伞兵头上都有一顶覆盖着白色绒毛的小降落伞。

形象地解释了白杨传播种子的方式——风媒。

风高兴地吹散这些小小的降落伞。在空中打着旋的它们，身体比绒毛还要轻，就像朵白云一样轻飘飘地一直飘到河对岸。风刚一住手，小伞兵就准备降落了，整个砍伐地到处布满它们的影子，一直延伸到云杉王国的边境。它们像雪花一样落到云杉和野草的头顶。来了一场雨就把它们浇在地上，并埋藏进了土里。这样，你暂时找不到它们了。

一天接着一天，一年又是一年。砍伐地的战争永无结束之日。但是，从目前来看，野草已经不再是小云杉的对手。

野草已经尽全力向上延伸，但它们的生长很快就停滞了，而小云杉仍然有继续生长的空间。

"衰败""孱弱"，形象地表现出了野草战败后瘫软的样子。

于是，野草军团的日子越来越难熬。年轻的云杉开始在它们头上伸出了又阔又暗的爪子——树枝，云杉夺走了全部的阳光。在阴暗的树影里，野草迅速衰败下去，它们只能孱弱地伏在地上。

但是，另外一支部队此时已经从土里钻了出来，那就是年轻的小白杨树。它们成群结队来到了世上，慌张地紧拥在一起，整个身体不停地颤抖。

显然，它们来晚了，没有什么能力跟小云杉竞争了。

云杉同样在它们头顶伸出了自己黑魆魆的爪子，小白杨们只好委屈地缩起身子，在云杉的荫翳之下，它们衰败得非常迅速，没几天就萎靡不振了。

白杨树是一种喜光植物，没有阳光它们根本活不下去。云杉又一次取得了胜利。但新一批敌人又乘着两只翅膀的小滑翔机，在砍伐地着陆了，它们也是刚一着陆就躲进泥土下面。那些是白桦树的种子。它们开着玩笑就飞过了河，也布满了整个砍伐地。

它们能否战胜砍伐地的第一批统治者——云杉呢？这个问题我们的记者还不得而知。

我们将在下一期的《森林报》中，继续刊载它们的新报道。

【探究思考】

1. 最先在采伐地打响战斗的是谁呢？

2. 在战争中，云杉依次打败了哪些植物？

【参考答案】

1. 野草和云杉树。

2. 野草、白杨、白桦。

乡村日历

【阅读提示】

作者又写起了有趣的农庄生活。现在，播种已经结束，但是人们依然很忙碌，他们要运输肥料、栽马铃薯、清除杂草等等，这不，孩子们也赶来帮忙了。

【正文批读】

村庄里的农民要做的事情非常多：播种结束之后，还要把化肥和粪土运送到田里。田地施过肥之后，又要着手准备来年的秋播地。接着，又要去菜园里干活儿了，首先是栽种土豆，接着是胡萝卜、黄瓜、芜菁①、食用芜菁和甘蓝。这时，亚麻也长了起来，又要给它清除杂草。

孩子们再也不能成天待在小木屋里不出门了。在田间、菜园和果园里，他们都是好帮手。他们帮着大人种庄稼、清除杂草、修剪树枝。村里的工作可真够多的！他们要准备可以用上一整年的白桦枝，要摘嫩荨麻。荨麻是用来做汤的：用嫩荨麻和酸模做出的绿色菜汤好吃极了。他们还要帮着钓鱼，钓那些小鲤鱼、斜齿鳊、同色鲑鱼、鳜鱼、鲈鱼、鳊鱼等等，也可以用鱼饵捉鳜鱼、梭鱼和鳕鱼。

晚上，他们用捞网（所谓捞网，是把网放进一个小框中，再在框上安一根长柄）来捕捞各种各样的鱼儿。

夜里，他们沿着岸边布下簖，然后围坐在篝火旁等着，直到簖上的龙虾足够多的时候，再去捕捉。在等待的空闲时间里，大家轮流讲故事，什么都能讲，可以讲笑话，也可以讲鬼故事。

①芜菁(wú jīng)：别称有蔓菁、诸葛菜、大头菜、圆菜头、圆根、盘菜。外形酷似萝卜，株高约20～50厘米，地下有圆形或椭圆形直根。叶呈羽状复叶或匙状裂叶状，具粗毛，花顶生，花冠黄色，根皮有白、淡绿或紫色。为食用蔬菜，肥大肉质根供食用。

凌晨时分再也听不到田公鸡——灰山鹑的叫声了。秋小麦已经长到人的腰部一样高了，春天播种的庄稼也长了出来。

田公鸡其实仍然居住在以前的地方，但是它不敢再叫了，因为它身边就是自己的窝，窝里有蛋，雌山鹑正坐在上面孵蛋。现在谁也不敢吱声，否则很可能会招灾惹祸。譬如鹞鹰如果听到声音，就会飞过来，还有顽皮的孩子们也会跑过来，也许还有狐狸，这些家伙可全都是毁坏鸟巢的专家啊！假期一开始，我们少先队员就来到农场帮忙。我们在大地里捉害虫、除草。

比喻修辞：把狐狸比喻成毁坏鸟巢的专家，可见狐狸对山鹑的威胁有多么强大。

我们一边工作一边休息，感觉还不错。

很快就要收割庄稼了，那样我们就会有很多的工作，有许多的事情也需要我们关心——捡麦穗，帮助女职工捆麦秆。

新森林

春天的植树造林工作，在俄罗斯联邦的中部和北部已经完成。大片的新森林已经造好，总面积大概有 10 万公顷。今年春天，在苏联欧洲部分的草原和森林地带，开辟了大约有 25 万公顷的护田林。还建立了大批苗圃，明年将供应各种乔木和灌木的树苗 10 万多棵。

等到秋天，我们俄罗斯联邦的林场还要造几万公顷的新森林。

【探究思考】

1. 孩子们能帮助大人们干什么呢？
2. 田公鸡为什么不叫了？

【参考答案】

1. 他们帮着大人种庄稼、清除杂草、修剪树枝。
2. 雌山鹑正在孵蛋，发出叫声会招灾惹祸。

农场新闻

(尼·巴甫洛娃)

【阅读提示】

农庄里除了要忙的田事以外,还有其他事情呢。比如说已经开花的植物急需授粉,光靠昆虫是忙不过来的,人们还得帮助昆虫给花儿授粉呢!

【正文批读】

逆风是个好帮手

拟人修辞:亚麻还会写投诉书呢?原来是杂草对它们的生长产生了严重的威胁,所以它们请人类帮忙对付敌人啦!

我们收到了一封来自亚麻的投诉书。小亚麻们向我们抱怨说:它们的田里出现了一种敌人——杂草,这些可恶的草几乎要了它们的命!

我们立刻派人去亚麻田里为亚麻们提供帮助,准备严惩恶敌——杂草,同时也安慰一下小亚麻们。人们脱掉鞋子,光着脚,小心地迎风走在田里。在人们的脚下,小亚麻们低低地弯下了腰,风扶起它们的茎,把它们托了起来。这样,小亚麻们终于站直了身子,好像一切都没有发生过似的。它们的敌人已经被消灭干净了。

绵羊脱衣服了

在绵羊理发室里,人们在剪羊毛,整个过程就好像给羊脱了一件衣服一样:沿着绵羊的身体,把它浑身上下所有的毛都给剪下来了。

谁是我的妈妈呀?

当人们把剪过羊毛的绵羊妈妈放回小羊羔身边的时候,

小绵羊咩咩地叫着，满肚子疑问：“你在哪儿呀？妈妈，你到底去哪儿了呀？”那声音听起来悲悲切切的，十分可怜。

于是，好心的人们帮着每只小羊找到了自己变了样的妈妈。

牲口越来越多了

谁也算不出这个春天究竟有多少只小牲畜刚刚来到这个世界：小马驹、小牛犊、小绵羊、小山羊和小猪崽。

昨天一夜的时间里，小河村的小学生饲养家所喂养的牲口，一下子是从前的四倍了。以前只有一只山羊，现在成了四只：羊妈妈酷牟西，三只小羊分别取名叫库加、牟札和施加里克。

今天第一次

我们把一群小牛犊带到牧场去了。它们欢快地摇晃着尾巴，疯了似的又跑又跳，尽情地在草地上撒着欢。

重要的日子来临了

果园里的生活：草莓已经过了花期。现在是圆圆的樱桃花正在绽放，只见樱桃树上开满了雪白的花朵。昨天，梨树上也长出了花苞。再过几天，就轮到苹果树开花了。

“圆圆的”写樱桃花的形状，“雪白”写樱桃花的颜色，表现出樱桃花的美好与俏丽。

农场里的新生活

昨天，一种南方的蔬菜——番茄喜迁新居，它的新家被安在池塘附近一块新开垦的土地上。在此之前，它一直生长在温室里，它的邻居还有黄瓜。如今，番茄已经长成棒小伙子了，它正准备开花呢。可黄瓜秧仍然躺在塑料薄膜里，只把鼻头露在外面。为了不让嘴馋的鸟儿发现这些孩子，大地妈妈严严实实地把它们藏起来。黄瓜能长得再快点儿，追上番茄吗？

去帮助六只脚朋友

一提到跟农业有关的昆虫，我们最先联想到的就是那些成群结队的小小敌人，它们可是庄稼最害怕的。可是，我们竟然把那么多六只脚的小朋友给忘记了，它们现在正在田里为我们忙碌呢；我们也忘记了，它们在为植物授粉的事上起着多么重要的作用。许许多多长翅膀的六足昆虫（蜜蜂、丸花蜂[①]、姬蜂、甲虫、蝇类、蝴蝶）会为黑麦、荞麦、亚麻、苜蓿、向日葵等等田间作物授粉。它们辛勤地把花粉从一朵花儿传递到另外一朵花儿上去。

经常会出现这样的情形：单靠这些小帮手的力量已经不够了，我们的庄稼没办法全部得到授粉。到那时，我们不得不亲自上阵，动手帮助它们。

为黑麦、荞麦、亚麻、苜蓿授粉，我们是利用一根绳子作为授粉机。由两个人拉着一根长绳，一人拉一头，从正在开花的作物头顶拖过去，把它们压得弯下来。于是，花粉就从花蕊上落下来，随风飘到整个田地里，或者粘到绳子上，再被带到别的花儿上去。在给向日葵授粉时，我们会用一小块兔子皮收集花粉，之后用它把花粉传播到其他所有正在开花的花盘上。

【探究思考】

1. 农场职工们要帮助的六只脚朋友是谁们呢？
2. 人们是如何给向日葵授粉呢？

【参考答案】

1. 六只脚朋友是指长着翅膀的六足昆虫，比如蜜蜂、丸花蜂、姬蜂、甲虫、蝇类、蝴蝶等等。
2. 人们用一小块兔子皮收集花粉，之后用它把花粉传播到其他正在开花的向日葵的花盘上。

①丸花蜂：又名熊蜂，浑身绒毛，个体大，寿命长，是适合温室作物授粉的专业授粉蜂种。飞行速度在同类的蜂中是最快的。

城市新闻

【阅读提示】

会说话的鸟儿、深海来客、夜间行走的鸟儿、会飞的云朵，新鲜见闻实在是太多了，城市里也热闹起来了，各种稀奇的事情让人目不暇接。

【正文批读】

我们城里的麋鹿

5 月 31 日清晨，有人在列宁格勒梅奇尼科夫医院的附近，发现了一只麋鹿。这样的情况已经不是第一次了。近几年，经常有麋鹿在市区内现身。据人们推测，这只麋鹿可能是从夫谢窝罗德区的森林出来的。

鸟说人话

有一天，一个男人拜访我们《森林报》编辑部，给我们叙述了一个他亲身经历的故事：

一天早晨，我去公园散步。忽然有个像吹口哨似的声音问我："特利希尔，维吉儿？"（译成中文意思是：看见特利希尔了吗？）那声音很嘹亮，又很执着。我好奇地向四周仔细瞧，却什么也没发现，除了一只落在灌木丛上的红色鸟儿。我仔细打量了它一下，不由得心想："这是一只什么鸟啊？能把口哨声吹得那么清晰，它说的特利希尔又是谁啊？"这时，它又说起话来，还是在重复那句"特利希尔，维吉儿"。我向它走近一步，想到跟前仔细观察它。可是，它一下子就飞进灌木丛里，瞬间就无影无踪了。

这个男人所看见的鸟儿叫红雀①，是从遥远的印度飞来的。它们发出的鸣叫声，乍听起来的确很像人在说话。凡是听到它叫声的人，可能都会按照自己的理解把它想象成人在说话。一些人以为它在提问："看见特利希尔了吗？"也有的人把它听成了："看见格利希尔了吗？"

海洋深处的客人

最近几天，从芬兰湾向涅瓦河里密密麻麻地游过来一大群小鱼——甜瓜鱼。它们准备在涅瓦河里产卵。渔民们因此累得筋疲力尽，他们用网捕捞到许多许多的鱼。

甜瓜鱼产完卵后，又游回海里去了。

大海里有许多不同种类的鱼儿，它们会游到河里进行产卵。出生后的小鱼再从河里游到海洋。

可是，唯有一种鱼，它们是在海洋深处出生的，但之后却会到河里生活。这种鱼的出生地是在大西洋的马尾藻海域。

这种独树一帜的鱼被人们称作小扁头。

你一定没听过这个奇怪的名字吧？

这一点儿也不奇怪，因为这种鱼只有在海洋里生活的幼年时代，才会叫这个名字。

拟人和比喻修辞：作者详细地为我们介绍了鳗鱼从小到大的变化过程，形象具体，层次分明，表述清楚。

那时候，它是完全透明的，连肚皮里面的肠子都清晰可见，身子扁扁的，就像一片树叶，可是等它变为成鱼以后，看起来更像一条蛇了。

大家应该都听说过它现在的名字——鳗鱼。

小扁头会在马尾藻海域生活上三年，到了第四个年头，它们已经变成了一条年轻的，但还是通体透明的玻璃鳗鱼了。

现在，玻璃鳗鱼们已经聚集成鱼群，集体游进涅瓦河。

它们从出生地——神秘的大西洋深海，一直游到终点，这

①红雀：一种北美鸣鸟，头上有一个有特色的羽冠，雄鸟喙周围有黑色羽毛，而雌鸟喙周围有灰色羽毛。雄鸟是耀眼的红色，而雌鸟则是淡红褐色。主要食物是种子，也吃昆虫和果类。雌鸟喜欢用鸣唱来标志自己的领土。

其间至少要游过 2500 公里的路程呢！

去采蘑菇吧

经过一场温暖的春雨之后，你就可以去郊外采摘蘑菇了，可以采摘的有平茸蕈、白桦蕈和食用菌。还有夏天里长出的第一批蘑菇——麦穗蕈，它的这个名称的由来，是因为它们正好出现在秋播的黑麦刚开始抽穗的时候，而且在夏天结束之前，又很快消失了。

当你发现公园里的紫丁香花开始凋零的时候，你就可以判断：春天已经结束，夏天就要开始。

黑水鸡路过城郊

最近几天，生活在郊区的人们总能在夜里听见一种时断时续的低沉哨音："覆奇——覆奇——覆奇——覆奇！"，一开始，哨声从一条沟渠里传出来，接下来，又从另外一条沟渠里传出来。原来，这是一群生活在沼泽的黑水鸡[①]，当时它们正好途经城市。黑水鸡和秧鸡有着近亲的血缘关系，它们和秧鸡一样，也不喜欢飞行。

活云

6 月 11 日，涅瓦河畔有很多人在悠闲地散着步。晴朗的天空万里无云，户外非常炎热。房顶和路面上的柏油都被晒烫了，人们被热得喘不上气来了，小孩子都在尽情嬉戏。

忽然，在宽阔的河对岸上空，出现了一大片灰色云雾。几乎所有人都停下脚步，仔细看着它。那片云很低很低，几乎就悬在水面上，并且离大家越来越近了。

这片云还发出嗖嗖嗖的声响，将正在散步的人群围裹了起

这真的是一片会动的活的云吗？作者先是留下了一个悬念，以引起读者的好奇，最后才解开谜团，原来那是一群飞舞的蜻蜓。

①黑水鸡：一种中型涉禽。全身大致黑色，嘴黄绿色，上嘴基至额甲鲜红色，额甲端部圆形。尾下覆羽两侧白色，中间黑色，游泳时尾向上翘露出尾下两块白斑，十分明显。

来。这时，大家才发现，原来这并不是什么云，而是一大群飞舞的蜻蜓。

突然，只一眨眼的工夫，周围的一切好像起了一种神奇的变化。

因为突然有很多小翅膀在一起扇动，所以竟然随之刮起了一阵凉爽的风。

孩子们不禁停止了游戏，兴高采烈地看到：阳光透过蜻蜓美丽的薄翅膀，在空中反射出五彩的光圈，十分美丽。

人们的脸颊此时都变成了彩色的，就好像无数个小彩虹投下的影子，日影和星在脸上不停地闪耀跳跃着。这片活动的云继续发出嗖嗖的响声，从河岸的上空掠过，并且略微升高了一些，之后，又飞到房子的后面去了。

原来这是一群刚出生的幼蜻蜓，它们刚一出生，就立刻形成了这么庞大的队伍，集体飞去寻找它们的新家。它们是从哪儿来的，要飞到什么地方安家，谁也无从知晓。

这些成群结队的小蜻蜓，现在到处都有。如果你碰巧看见了这种蜻蜓群，不妨注意一下，这些小蜻蜓究竟是从哪儿来的，要飞到哪儿去。

试飞

当你漫步在公园里、大街上，或者林荫小路上的时候，常常往上看看吧！也许正有一只小乌鸦或小椋鸟从树枝上跌下来，或是一只小麻雀，或是小寒鸦从屋檐上跌下来，可千万小心不要砸到自己的头啊。现在正是它们刚刚离巢，开始学习飞翔技术的时候！

新野兽

近几年来，猎人们常常可以在我们区的叶菲莫夫和附近几个区的森林里，发现一种本地人无法辨识的兽类，它的个头跟狐狸相仿。

它就是乌苏里的浣熊狗，也可以直接称它为浣熊。

可是，它究竟是怎么跑到这儿来的呢？

其实答案非常简单：是用火车运来的。

人们一共运来了50只浣熊狗，放养到我们区的森林里。现在10年过去了，经过大量繁衍，现在，它们已经被允许捕杀了。

乌苏里浣熊狗的皮毛非常稀有。整个冬天，我们都可以猎杀它们。要知道，它们会进行冬眠，但是等到天气转暖，就会从洞里重新出来活动了。

浣熊为什么叫浣熊呢？因为它们在吃东西之前要将食物在水中浣洗一下，所以就叫浣熊了，是不是很有趣呢？

欧鼹

很多人认为，欧鼹是啮齿科动物的一种，是住在地下的老鼠，它们在地下挖洞，以吃植物的根为生。这可真是大大委屈了鼹鼠，与其说它们是老鼠，倒不如说它们是一种穿着光滑柔顺皮大衣的刺猬。欧鼹这种兽也吃昆虫，它们非常喜欢吃金龟子，或其他一些害虫的幼虫。因此，它是我们人类非常有益的朋友，实际上它对植物也没什么害处。

“与其……不如”是表示选择关系（或让步关系）的关联词，更强调“不如”后的内容。这里强调欧鼹更像刺猬。

有人无法原谅欧鼹在他们花园和菜园的地下挖洞，并往花台或垄沟里扔进一堆堆挖出来的泥土，这个行为会碰坏一些美味蔬菜的根部。其实，他完全可以平静地在欧鼹挖洞的地上插上一根长长的木杆，并在杆子上面绑一个小风车。

这样，风一吹，风车呼啦啦地转动，长杆子就跟着不停地抖动起来，下面的土地也会跟着抖起来，嗡嗡的响声就会传到欧鼹的洞里。这样一来，所有的欧鼹都会闻风而逃。

蝙蝠的超声波

一个宁静的夏夜，一只蝙蝠飞进了一扇开着的窗户。

“快把它赶走，把它赶走！”女孩子们一边大声尖叫着，一边赶紧用围巾把头发围起来。

一位头顶光秃秃的老爷爷嘟嘟囔囔地念叨：“它明明是扑向窗户里的亮光，可为什么会往头发里面钻呢？”

设置疑问，吸引读者继续阅读下去。

直到数年前，科学家仍然无法解释这种现象，为什么蝙蝠在伸手不见五指的黑夜里飞行，却完全不会迷路。

即使你蒙住它们的眼睛，堵住它们的鼻子，它还是能在空中灵巧地躲开各种障碍物，甚至是在布满密密麻麻细线的黑屋子，它们也可以灵巧地躲开类似的“天罗地网”。

直到超声波的原理被发现以后，谜底才被揭开。现在科学家已经证实，所有的蝙蝠在飞行的时候，都会发出一种人类的耳朵无法捕捉到的超声波①。这种一旦遇到障碍物就会反射回来，蝙蝠灵敏的耳朵能立刻接收到反射回来的信号：“前面是墙”，或者“前面有线”，或者“前面有蚊子”，唯有女人的头发无法反射这种波。

所以，秃了顶的老爷爷当然不必担心，可是女孩儿们一头浓密的秀发，会被蝙蝠误以为是“敞开的窗户”，很可能会冲着其中一扇“窗户”，飞过来。

给风评分

我们喜欢细细的和风，它是我们的朋友。

在炎热的夏天的中午，如果没有一丝风，我们会觉得呼吸困难。平静无风的时候，烟囱里的烟就会直接升到天上去。如果空气的流动速度是每秒钟不到半米，那我们就感觉不到风的存在。我们给它的评分是“0 分”。

柔和的风速是 0.3～1.5 米 / 秒，或者 18～90 米 / 分，或者是 1～5 公里 / 小时。这是人正常走路的速度。这样的风能使

①超声波：是频率高于 20000 赫兹的声波，它方向性好、穿透能力强，易于获得较集中的声能，在水中传播距离远，可用于测距、测速、清洗、焊接、碎石、杀菌消毒等。

烟囱里的烟向旁边倾斜。我们会觉得很舒服,脸上凉风习习,一点儿也不闷。我们给这种风的评分是"1分"。

轻度的风是1.6~3.3米/秒,或者是96~180米/分,也就是6~10公里/小时,和人跑的速度差不多。树上的叶子发出沙沙的响声,我们给这种风的评分是"2分"。

速度是3.4~5.4米/秒,或者是12~19公里/小时,是微风,这和马小跑的速度差不多。微风摇摆着枝条,载着小船向前跑。我们的评分是"3分"。

在气象学里还有一种是和风,速度是5.5~7.9米/秒。道路的尘土能被它扬起,海里的波浪也能被它激起。我们给它记"4分"。

还有一种是清劲风。能使树梢发生声响,使树干摇晃,使大海的波涛翻滚,使蚊蚋被吹散。这种风的速度是8.0~10.7米/秒,也就是29~38公里/小时,和乌鸦飞行的速度差不多。我们的评分是"5分"。

强风已经开始捣乱了。它把树木使劲摇晃,把晾衣绳上的衣服刮落在地,掀下人们脑袋上的帽子,把排球吹到一边,给打排球的人添乱。它的速度是39~49公里/小时,和火车的客车一样。还好,气象学家给风的打分是12分制。如果和我们学校里的一样是5分制,就不够了。气象学家给强风的打分是"6分"。

拟人修辞:从大风所造成的破坏之一角度写风力的强劲,具体可感。

在我们《森林报》的第八期上会有关于风的记事:在我们这个地区,秋季风最大。

【探究思考】

1. 猎人们新发现的新野兽是什么呢?
2. 海洋深处的客人有哪些呢?举例说明。

【参考答案】

1. 浣熊。 2. 甜瓜鱼、鳗鱼。

狩猎

【阅读提示】

塞索伊奇真是一个了不起的猎人，不管是捕鱼还是捕熊，他都是经过细心的准备才动手，再加上他经验丰富，所以总能成功。我们一起看看他是如何狩猎的吧！

【正文批读】

我们的祖国幅员辽阔。在列宁格勒这一带，还不是打猎的时候，但是如果在河水刚刚泛滥的北方，正是打猎的好季节。每到这个时候，好多打猎爱好者都要去北方一显身手。

水上打猎

环境描写：交代故事发生的背景，为下文猎人的活动做铺垫。

天空乌云密布，今夜好黑，就像秋天的夜晚。在林中的小河里，我和塞索伊奇划着小船，荡漾着。小河的两岸高高陡陡的。塞索伊奇坐在船头，我在船尾掌舵。塞索伊奇是个经验丰富的猎人，以打各种飞禽走兽而出名。可是，他有点儿看不起钓鱼的人，就是因为他本人不喜欢钓鱼。在他心中，不能说是钓鱼或者是捕鱼，只能说是猎鱼，他就是这么个脾气。就像今天，钓钩呀、渔网呀，还有其他任何渔具，他都不用。

我们过完了高高的河岸，就到了广阔的泛滥区。看哪，有些灌木丛的梢头还在水面上露着呢。经过一片模糊的树影，那一堵黑沉沉的“墙”就是森林。

夏天，这里有一条小河和湖泊被一条狭窄的岸分隔开来，岸上灌木丛生。中间有条狭长的水道连接着湖泊与小河。现在四周的水很深，我们的小船可以在灌木丛间自由划行。

船头有一块铁板，上面放着一些枯枝和引柴。塞索伊奇擦着了一根火柴，把篝火点得再旺些。我则轻快地划着桨，并不用把桨露出水面，小船就这样静悄悄地、轻轻地向前走，展现在我面前的是一个如此奇妙的幻境。

我们已经到了湖心。此时，好像有一些巨人隐藏在湖底，身子被泥土覆盖，只把头顶裸露出来。它们乱蓬蓬的长发无声无息地随风飘动，这到底是水藻还是水草呢？

环境描写：衬托“我”的紧张心情。

看，这是一个黑黝黝的潭，深不见底，也许它并不算深，毕竟篝火的光在水里顶多能照到两米远的距离。但是，如果向这黝黑黝黑的潭水里望下去，真有点儿恐怖。谁也不知道它里面到底藏着些什么。

这时，一个银色的小球从黑咕隆咚的水底下漂上来。它越升越快，越变越大，现在竟向着我的眼珠子冲了过来，打在我的额头上，我不由得把头往下一缩。这个球忽然间又变成了红色，刚一冒出水面就炸开了。原来，这只是一个最普通不过的沼气泡。

我们仿佛乘坐着飞艇在陌生的星球旅行一般！

我们经过几个岛屿，稠密的树木挺立在岛屿上。前面有一棵树淹没在水里，树根交错着。起初，我还以为这是芦苇，黑乎乎的，还有点儿怪怪的。那交错的树根似弯成钩的手臂，又像是章鱼的触须，不过还要多一些，样子更难看、更可怕。

塞索伊奇站在小船上，他这个左撇子——用左手举着渔叉。这个动作使我抬起了眼睛。

神态以及动作描写：细致地刻画出塞索伊奇捕鱼时英勇、威武的形象。

他那炯炯有神的目光注视着水里。他好像是满脸胡子的矮军人，用手拿着长矛，那雄赳赳气昂昂的样子，简直威武极了。这个矮个子的猎人，就要将长矛刺向脚下的敌人了。

渔叉的把儿有两米长，下面那头，有五个闪闪发光的钢齿，钢齿上都有倒齿。

篝火把塞索伊奇的脸照得通红。他转向我，对我做了一个滑稽的鬼脸。我于是停止了划行。

他把渔叉小心地浸在水里。我朝水下望去，只见一个黑黑的、直直的长条就在水下。我原以为这是一根棍子，可是仔细看看才明白，那是一条大鱼的脊背。只见他慢慢地把渔叉斜对着鱼的脊背，向水下伸去。很快，鱼一动不动了，人也僵持在那里。突然，他又猛地把渔叉竖起来，狠狠地插向大鱼的黑脊背。

动作描写：一系列紧凑的动词运用表现出了塞索伊奇捕鱼时技巧娴熟高超。

他用力拖上来一条大鲤鱼，我断定超过两公斤。鱼拼命地挣扎着。我又继续向前划船。我发现了一条不太大的鲈鱼。它把头一下子钻到水里的灌木丛，仿佛在深思，一动不动。

这条鲈鱼预计距水面不远，就连它身上的黑条纹我都能看清楚。我看了看塞索伊奇。他摇摇头，意思是不要这条鱼。我想，他大概是嫌鱼小。于是，我们没有伤害鲈鱼。

我们就这样绕湖划着船，在我眼前浮现的是一幕幕漂亮迷人的景色。尤其当我看到猎人叉死水底野味的时候，我真不愿移开视线。

又有一条鲤鱼、两条大鲈鱼、两条细鳞的金色鲤鱼，它们从湖底进到了我们的小船底。黑夜即将结束，此时我们的船在水里前进。黎明即将来临。我们不小心把一根燃烧的树枝和通红的木炭掉在我们划船的水里，发出嘶嘶的响声。头上时不时地传来野鸭扇动翅膀的嗖嗖声。有一只小猫头鹰，在那片黝黑的树林中温柔地叫着："斯普留！斯普留！"好像在反复地告诉人什么。灌木丛后传来了一声声"叽里叽里"的叫声，那是小鸭的叫声，还挺好听的。

突然，船头前出现了一根横木，为了避免撞上来，我把小船拐向旁边。可是，塞索伊奇却突然愤怒地还有点儿兴奋地低声喝道："停——停——是——梭鱼。"

他迅速地把渔叉上端的绳子绕在自己的手里，认真地瞄准,然后又小心地将武器叉在水里。

他拼命地叉向梭鱼。这条鱼力气好大,竟然把我们拖走了一段距离。还好,无论它如何都无法挣脱,因为渔叉叉得很深。

难怪啊!这条梭鱼竟然有七公斤。

塞索伊奇兴奋地说:“好啦!现在让我来划船吧。你来开枪,可别错过机会啊!”于是,他把烧剩的树枝丢在水里,我们把座位交换了一下。

晨雾很快就随着凉爽的晨风吹散开来。天空万里无云,美丽晴朗的早晨开始了。

我们沿着树林向前划着,林边的树木被一层翠绿的云雾笼罩着。一些不光滑的黑云山树干和一些光滑的白杨树干,直伸出水面。放眼望去,树林仿佛吊在半空中。近处,两片树林在我们的眼前浮动,一边树梢冲上,一边树梢冲下。湖水光滑如镜子,在奇妙地荡漾着。那些白色和黑色的树干被它反照着,那些千丝万缕的细树枝被它揉碎了。

景物描写:诗一般的语言描绘出梦一般的环境,衬托出猎人激动、快乐的心情。

塞索伊奇低声预告:“准备……”

于是,我们沿着一片闪着银光的“林中空地”向前划着,一直划到白桦林边,一群琴鸡就在树上光秃秃的枝条上栖息。我不禁感到奇怪,这些又大又重的鸟落在这细细的树枝上,树枝竟然没有被压断!

身体壮实的雄琴鸡,脑袋小小的,尾巴长长的。在明亮的空中可以清楚地看到,它的尾巴上好像还拖着两条辫子。雌琴鸡是淡黄色的,显得轻巧、朴实。

有一群乌黑淡黄的大鸟,脑袋向下,在林下的水里荡漾着。塞索伊奇悄悄地摇着桨沿着林边划行,距离它们越来越近。趁它们还没有注意到我们,我迅速地举起了枪。它们也感觉很奇怪,眼前是什么东西在水上漂浮,是否危及它们的生命?

鸟的大脑是没有那么灵活的。有一只琴鸡距离我们最近,转换角度，站在琴鸡的角度推测它们的内心活动，为文章增添了趣味。

只有 50 步远。你看它那小脑袋在转来转去，似乎有些心慌意乱，好像在想："一旦有危险出现，要飞向哪里啊？"只见它两只脚缩上踏下，互相替换着，把细细的树枝压弯了。为了平衡身体，它害怕地扑棱了几下翅膀。不过，它发现伙伴们都安静地待在那里，自己也就放心了。

我放了一枪。可怕的枪声从水面上传到岸边的树林，树林像一道墙壁似的，把轰隆的枪声变成一阵回声。

黑琴鸡扑通一声掉到水里，溅起一阵浪花。在阳光的映衬下，浪花有如着色的彩霞。一大片琴鸡拍拍翅膀，噼里啪啦地飞离了白桦树。我赶紧又放了第二枪，可是一只也没有打中。

"收获不错！"塞索伊奇向我道贺。是啊，一大早就打到了羽毛这么紧密美丽的鸟，也该知足了。

我们把湿漉漉的琴鸡从水里捞了起来，它低垂着翅膀，早已断了气。我们从容地、慢慢地朝家的方向划去。

太阳升到了树林的上空，一群群野鸭在水面上飞过，尖嘴鹬尖声地叫唤着。两岸的琴鸡叫的声音最响、最大，叽里咕噜的声音和气呼呼的啾啾声交织着，不绝于耳。

百灵鸟开始在空中愉快地歌唱了。一夜没睡的我们一点儿也不觉得累。

诱饵

在我们这一带，熊经常来"逞凶作恶"。经常会传出这个村庄里的小牛被咬死了，那个村庄里的小马驹又被吃掉了的坏消息。

语言描写：塞索伊奇对捕熊胸有成竹，也能看出他在村庄猎人当中的领导地位。

开会时，猎人塞索伊奇发表了自己让人信服的想法：

"我们不能坐等熊来这里一再祸害牲畜了，得采取一些办法反击。加甫利奇家的小牛不就是被它咬死的吗？把这事交给我吧，我来设下一个诱饵。如果熊胆敢再来牲畜群里转悠，这儿瞅瞅那儿看看的话,它一定会靠近我布下的诱饵。这回它要是再来,可就别再想活着回去了,我非把它逮住不可。”

塞索伊奇是我们这儿公认的最好的猎手。于是,加甫利奇把小牛的尸体交给他,鼓励他说:“就这么干吧!干掉熊,我们就都能放心了。”(现在这个时间里,俄罗斯还是禁止猎熊的。除非得到受害村民的同意,才可以捕杀它。)

塞索伊奇把小牛放到一辆四轮大车上,载着它来到了森林里,把小牛放在一块空旷的地面上。他在小牛的死尸附近,用一些完整的白桦树枝,做成了一道矮矮的围栏。在离这道围栏大概20步远的地方,在两棵并排矗立的树中间搭建了一个距地面两米左右的高台。夜间,猎人就待在这里守候野兽的到来。现在,准备工作都已经完成了,可塞索伊奇并没有爬到高台上等熊,而是回家睡觉去了。

转眼已经过去了一个星期,他还在家里睡大觉。只是每天早晨,他会抽空到栅栏那儿转上一圈,观察一下,接着再卷根烟,美美地吸上一会儿,然后就回家了。

现在有人开始嘲笑他了,那些小伙子不怀好意地逗他说:“怎么了?塞索伊奇,是不是在自己家里炕头上睡觉,就能做个好梦啊?在森林里干守着,你肯定不愿意了,是不是这样啊?”

可是他回答:“你知道什么,如果贼自己不来,在那儿守也是白守。”

小伙子们说:“可那只小牛都臭气熏天啦!”

他说:“就是那样才对呢!”

看,他对自己永远都是那么信心十足,你拿他能有什么办法!

塞索伊奇当然清楚自己在干什么!同时,他也知道,熊围着牲口群伺机转悠的事,已经不止一天两天了。现在,它之所以还没有来捕杀活牲口,正是因为它已经发现了死的。

塞索伊奇清楚地知道,熊已经闻到死牛散发的臭味了,那

塞索伊奇是一个经验丰富的猎人,他从各种细节推断出熊出没的情况,可是他还是按兵不动等待时机,可见他的沉着老练。

种味儿和死人身上的差不多。他用猎人所独具的敏锐眼光，在放死牛的围栏周围，已经发现了有熊来过的踪迹。但熊还没来动过小牛，可以看得出，它现在还不算饿，它是在等到尸体散发出臭不可闻的味道时来，它才更喜欢吃呢！这种浑身长满厚毛的森林野兽的口味就是这么奇怪！

到了第二周，死小牛仍然躺在森林里一动不动，塞索伊奇照常在家过夜。

终于有一天，他根据围栏附近留下的脚印发现：熊终于爬过了围栏，并且已经张开大口吞掉了一大块牛肉。

于是当天夜里，塞索伊奇带上猎枪爬上了平台，开始耐心地守候。

那一夜，周围十分安静，野兽们都睡着了，连鸟儿都睡着了。

以静写动：通过对比，以动态的景物来反衬静态的景象，烘托出一种更为宁静的环境，这里通过各种小动物的动作来衬托夜的寂静。

当然，并不是所有的鸟兽都休息了。比如说，猫头鹰正张着它那毛茸茸的翅膀，在森林上空悄悄地掠过：它在仔细搜寻那些躲在草丛里窸窣作响的野鼠。刺猬正在森林里四处溜达，它在寻找青蛙。兔子正在啃着白杨树略带苦味的树皮，发出“咔嚓咔嚓”的声音。獾子也在泥土里寻觅它熟悉的植物根。就在这个当儿，熊悄无声息地走向小牛。这时，塞索伊奇困得连眼睛都快睁不开了，一般在这个时候，他通常都在睡大觉。现在，虽然他已经困得直点头，但仍然强忍着睡意。

忽然，传来了一阵“咔嚓咔嚓”的声音，是他的听力出错了吗？

不是，完全没错！天空虽然没有高悬着月亮，可是北方夏天的夜晚，即使没有月光的照射，四周也很明亮。就在身旁那白花花的白桦树做成的围栏中间，可以清清楚楚地看到，一只黑色的野兽正趴在那儿。

熊正在大口吞食，享用着猎人专门用来招呼它的美餐。

“等着看吧！”塞索伊奇心中暗想，“这里还有更好的东西招呼你呢，来尝尝铅丸的滋味吧。”

他冷静地端起枪，瞄准了熊的左肩胛骨。

只听“轰”的一声枪响，像突然炸响的雷鸣，已经酣睡的森林瞬间被震得直颤。兔子被吓了一跳，突然从地上蹿起足有半米高。獾子被惊得发出呼噜呼噜的叫声，连忙躲回自己的洞穴。刺猬吓得缩成一团，身上的刺本能地根根直立。野鼠慌忙溜进洞里。猫头鹰一拍翅膀，匆忙飞到大云杉树的阴影里躲避去了。

通过写兔子、獾、刺猬、猫头鹰等动物的反应，来衬托枪声的响亮。

半天，一切又恢复了死一般的平静。那些专门在夜间行动的鸟兽，又壮起胆子，重新各自忙活各自的事儿去了。

塞索伊奇则爬下了平台，来到围栏边看一看。接着，他一边卷了一根烟，吧嗒吧嗒地抽着，一边嘴里念叨着，往家的方向走去：“哎，天快亮了，我可得抓紧时间睡一觉，哪怕只睡一会儿也行啊！”

早晨，等到大伙儿都起床了，塞索伊奇轻松地对年轻人说：“喂，小伙子们，赶快去套车吧，咱们到森林里把熊拉回来！这下子，它再也不会祸害咱们的牲口了！”

【探究思考】

1. 塞索伊奇是一个什么样的人？

2. 塞索伊奇用什么来当诱饵捕捉熊呢？

【参考答案】

1. 经验丰富、沉着老练、乐于助人的人。

2. 死了的小牛。

打靶场

第三次竞赛

1. 哪种甲虫用它出现的月份来命名?

2. 蚱蜢怎么发出声音?

3. 勾嘴鹬用什么东西发出类似羊叫的声音?

4. 为什么把火红色的鹭鸶称为"水牛"?

5. 蜘蛛有多少只脚?

6. 甲虫有几对翅膀?

7. 哪种鸟从南方到我们这里来,一部分路程是步行的?

8. 椋鸟巢里孵出了小鸟以后,碎蛋壳哪里去了?

9. 哪种生物的耳朵生在腿上?

10. 哪种鸟的叫声像猫叫?

11. 青蛙卵和癞蛤蟆卵有什么区别?

12. 秧鸡的个头有多大?

13. 哪种鸟叫起来像狗吠?

14. 哪一种鸣禽最后一批飞到我们这里来?

15. 丁香是春天开花,还是夏天开花?

16. 树林底下,闹闹腾腾;树林中间,有谁钉钉;树林上面,烛光通明。(谜语)

17. 走路的用得着它,赶车的用得着它,生病的用得着它。(谜语)

18. 白的像雪,黑的像铁,绿的像树叶,打起转来像中了邪魔,上起树来像登台阶。(谜语)

19. 网子一面,不用手编。(谜语)

20. 又长又细,落到草里,自己不出来,儿子却出来。(谜语)

21. 我不来时求我来,我来之后躲起来。(谜语)

22. 像小牛那么大。但是没有角,宽脑门儿,细眼睛;不让碰,不让摸,牲口群里来了它可了不得。(谜语)

23. 谁刚出生就长胡子?(谜语)

24. 第一个说:跑吧!第二个说:躺着吧!第三个说:晃吧!(谜语)

公告

表演和音乐

快去看

在幽僻的，长满青草和芦苇的森林湖中，可以欣赏到最好玩的演出。为此，你可能需要在岸边搭建一个小棚子，躲在里面。

在清晨天气晴朗的时候，从草丛里游出了两个身着华服的演员。那是两只怪模怪样的鸟，它们长着细细的红色嘴巴，长度一直达到脸颊，还长着漂亮的大领子，在清晨美丽的阳光照射下，反射出铜色的光芒，这就是鸊鷉。你就静静地坐在那看吧，看看它们有什么行动。

看，它们肩并肩游了过来，游成一排，整齐得好像列队行进的士兵一样。突然，好像是谁下达了明确的命令“分开——游”，它们呼啦一下子分散开来。接下来，开始面对面地彼此鞠躬致意，好像在跳一种优雅的舞蹈似的。

接着，它俩又伸长了脖子，昂起头颅，稍微张开嘴巴——好像在发表什么重要的演讲。忽然，它俩又同时嘴巴向下，一头扎进水里，动作虽快，却几乎没有发出半点响动。又过了半晌，它俩先后从水里钻出来，像是站在地板上，挺直了修长的身子，彼此把从水底摘下来的一绺青苔递给对方，好像在交换两条绿色的小手帕似的。

看到这里，你不由得拼命鼓起掌来。结果，被惊动的它们好像害羞极了，迅速地消失在芦苇荡里！

“锐眼”称号竞赛

第二次测验

怎样区分这些动物

怎样区分落在水面上的野鸭和矶凫？

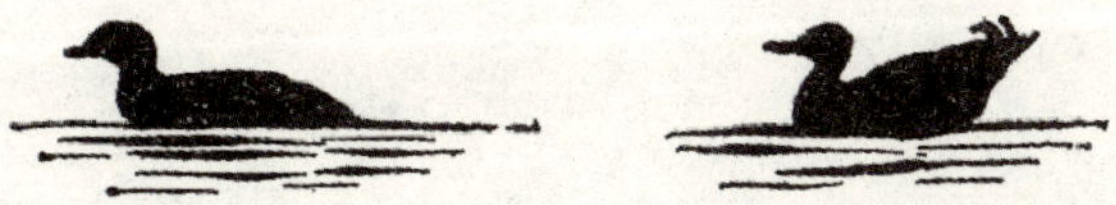

图 1

下面的图中有两只兔子,冬天谁也不会把它们认错:一只是灰色的,一只是白色的。可是夏天,它们都变成灰色了,那怎么区分它们呢?

图2

图3

下面有三只小野兽。它们都叫什么,你是怎么辨别的?

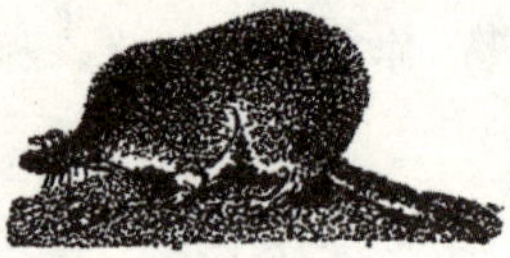
图4

图5

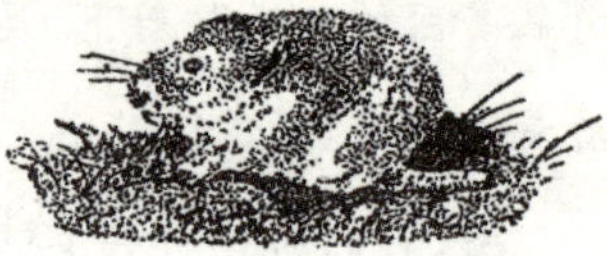
图6

下面图中有三条蛇和一只没有脚的蜥蜴。三条蛇中,哪条有毒,哪条无毒?哪张图是蜥蜴?

图7

图8

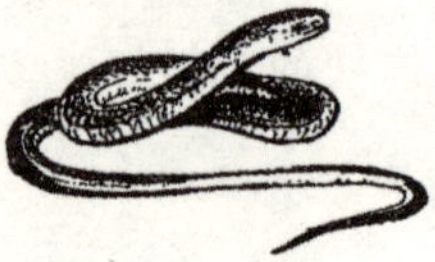
图9

图10

打靶场答案

第一次竞赛

1. 从 3 月 21 日起。

2. 脏雪融化得快，因为它的颜色比较深。深颜色吸收更多的太阳光（夏天戴白帽子比较凉快）。

3. 春天，软毛兽要褪毛，要褪掉那层又密又暖的绒毛，因为这时候这样的毛已经没有价值了。除此之外，野兽也要在春季怀宝宝了。

4. 蝙蝠要等到它用来做食物的昆虫出现后，它才出现。

5. 款冬、毛茛、雪花。

6. 白山鹑——冬天是白的，夏天身上出现了斑纹。

7. 在雪融化以前，它的毛变成了灰色的时候，或者在地面比白兔先变了颜色的时候。

8. 睁眼的。

9. 生在浓密而又黑暗的森林里的树木，快速地向上伸展，向有光的地方蔓延，把下面的树枝都丢弃了。在旷野里生长的树木，下面的树枝保留着，而且伸展得很开。

10. 小鼩鼱。它只有三厘米半长（不算尾巴）。

11. 鹪鹩和戴菊鸟。它们的个儿差不多一样大，比蜻蜓还小些。

12. 凡是以植物种子（仁、核）和浆果做食物的鸟，嘴巴就又粗又硬（便于把核啄破）；凡是吃昆虫的鸟儿，嘴巴就又细又软；凡是猛禽，嘴巴就像钩子（便于把肉撕碎）。

13. 交喙鸟。

14. 这棵树冬天被兔子啃过。冬天里地上的积雪有一米来厚，兔子不能在下面啃到树皮。

15. 3 月 21 日春分和 9 月 21 日秋分。

16. 冰柱。

17. 春天来自太阳的温暖。

18. 雪。雪融化后变成小溪,奔腾流动。

19. 马是河,车辕是岸。

20. 季节。冬天,大地换上雪装;春天,穿上鲜花衣裳。

21. 雪。

22. 今天。

23. 鹿。

第二次竞赛

1. 龙虾。

2. 羊肚蕈和编笠蕈。

3. 农民耕地时,会犁出许多蛆虫和甲虫的幼虫以及其他昆虫。白嘴鸦啄它们吃。

4. 乌鸦巢又平又浅;喜鹊巢有盖儿,圆圆的。

5. 不编织蜘蛛网的蜘蛛类。

6. 家燕。

7. 在丛林里、果园里、树洞里。

8. 衔毛做巢用或啄食牛马皮肤里的昆虫和昆虫的幼虫。

9. 候鸟是我们的家鸭和家鹅的祖先。春天,野鸭和野鹅飞过的时候,家鸭和家鹅就感到忧郁——它们也想飞出去。

10. 春天大水意外地涨起来,常常会淹掉那些在地上做巢的鸟蛋和小鸟。

11. 所有鱼都禁止捕。4月末,大梭鱼游到水面升上来的水湾里,寻找浅水区产卵。于是,它们的脊背常常露在水外面。盗猎的人就在这种时候开枪打它们。

12. 爬虫类。因为它们的血是冷的,寒冷中它们会被冻死。而鸟类,只要它们吃饱了,基本上是不怕冷的。

13. 前部的尖。

14. 生活在旷野里的鸟,翅膀又长而尖。很容易猜测出:生活在树林和丛林里的鸟,翅膀不可能是长的,因为长翅膀会绊住树枝和树干。在密林里生活的鸟,翅膀都是既宽又短且圆的。

15. 家燕。

16. 蜂房、蜜蜂。

17. 甲虫。

18. 叮人的蚊子。

19. 雨水、大地、青草。

20. 鱼。

21. 土地妈妈。

22. 铃兰的花蕾和花。

23. 云。

24. 牛的四条腿、两只犄角、一根尾巴。

第三次竞赛

1. 金龟子(5 月金龟子和 6 月金龟子)。

2. 蚱蜢的脚上有小刺,翅膀上有锯齿。用腿擦翅膀,发出“嚓嚓”的声立。

3. 用尾巴。

4. 因为雄鹭鸶的声音像牛叫一样。

5. 八只。

6. 甲虫有两对翅膀。外面一对是硬的、厚的,主要作用是保护底下那对飞行用的翅膀。

7. 秧鸡和黑母鸡。

8. 椋鸟用嘴把破蛋壳从巢里衔出去,丢到离巢很远的地方。

9. 蚱蜢。它的听觉器官不是生在头上,而是在一对前脚的小腿上。

10. 黄莺。

11. 青蛙的卵,是像胶冻似的自由地在水里漂浮。而癞蛤蟆的卵,是附着在一条胶质的带子上,带子附着在水草上。

12. 比椋鸟大一点儿,比鸽子小一点儿(29 厘米)。

13. 雄的白山鹑。在春天的交配期中,它发出的声音和狗的叫声一样。

14. 是那些羽毛的色彩很鲜艳的鸟。当树木长满了翠绿的嫩叶的时候,它们就飞到我们这里来了。

15. 春天。丁香花凋谢的时候，就认为是夏天开始了。

16. 蚂蚁在蚂蚁洞里的生活很忙碌；啄木鸟啄树像铁匠打铁；夜里，星星在树林的上空像点燃的蜡烛一样闪耀。

17. 白桦树。走路的人砍下它的树枝做拐杖；赶车的人用它的树枝做鞭子把儿；在乡村，给病人喝白桦树液。

18. 喜鹊。

19. 蜘蛛网。

20. 雨。

21. 雨。

22. 狼。

23. 山羊。

24. 河、岸、岸边的矮树丛。

“锐眼”竞赛答案及解释

第一次测验

图1是鹭鸶。很容易把它和鹤区别开，因为它在飞的时候，脖子是弯的，翅膀也弯得厉害。

图2是鹅。它在飞的时候，伸直它那有伸缩性的长脖子；因此，看上去好像它的翅膀在后面似的。它的短腿缩在身体下面，所以看不见脚。

图3是雁。它在飞的时候，像天鹅；可是它的脖子短得多，它的全身比较小，是灰色的。

图4是鹤。它在飞的时候，脖子和长腿伸得像棍子似的。

第二次测验

图1　浅水野鸭。它待在水上的时候，把身体的后部离开水面抬起来。它觅食吃的时候，只把身体的前部钻到水里去，像家鸭一样。

矶凫。它停在水里的时候,身体后部突起外浸在水里。潜水的时候,整个身子都钻进水里。

图 2　白兔。它的耳朵比较短,如果向前弯,碰不到鼻尖,脚爪宽。尾巴是圆圆的,根部有个黑斑点,是灰色的。

图 3　灰兔。夏天很容易把它和白兔辨别开,因为它的身子比较大。身上有毛,略带褐色或淡黄色。耳朵很长,如果向前弯,可以越过鼻尖;腿细,尾巴比白兔的长,上面有个长形的黑斑点。

图 4　鼩鼱。它是非常有益的吃昆虫的小兽。

图 5　家鼠。非常有害的啮齿类动物。

图 6　野鼠。也是有害的啮齿类动物。

这三种鼠类小兽,根据以下的特征很容易把它们彼此区别开:鼩鼱的嘴伸得长长的,像个长鼻子,身体是弓起的,眼睛藏在毛里面,几乎看不见;家鼠和野鼠的脸没有长鼻子;家鼠的尾巴长,野鼠的尾巴短。

图 7 是没有毒的黄颔蛇。

图 8 是有毒灰蝰蛇。安静而非常有益的黄颔蛇,头两侧有清清楚楚的黄点子。毒性非常大而有害的蝰蛇的灰色背上,清清楚楚地看得到"犯罪的烙印"——锯齿形的黑条纹。

图 9 是非常有益的没有脚的动物——蜥蜴。

图 10 是黑蝰蛇。

可不要把黑蝰蛇当作黄颔蛇:黑蝰蛇的头上是没有黄点的。蛇蜥跟黄颔蛇一样,可以拿在手里,因为它没有毒牙,不会对你怎么样——如果只抓住它的尾巴,它会像蜥蜴那样,任它的尾巴留在你手里。可是如果你抓住的是蝰蛇的尾巴,它就会猛然一回头,用毒牙咬住你。被它咬了之后,就会中毒,甚至死亡。因此,应该好好地学会把蝰蛇(蝰蛇有各种颜色的——从浅灰色到乌黑色全有)跟黄颔蛇和蛇蜥区别开。

蛇不会像蜜蜂或黄蜂那样蜇人。人们错误地以为它们那尖尖的分叉的小舌头是蜇人的武器。其实,毒蛇的毒是在牙里面。

写作练笔

写读后感

写读后感，首先要挑选自己感触最深的东西去写。看完一本书或一篇文章，从中能够领悟和感受出许多，如果面面俱到都要写出来，结果就什么也写不出来，即使写出来的东西也不深刻不透彻。所以写感触前要认真考虑、剖析，对自己的感触加以提炼，挑选感触最深的去写。

可以抓住原作的中间思维写，也可以抓住文中某个感触最深的一个情节、一件事物、一句优美的语言来写，进一步深化发掘，写出自个的真情实感。总之，感触越深，表达才越逼真，文章才越感人。

在写的过程中要主动联系实际生活。一篇好的读后感应当有时代气息，有真情实感。要做到这一点，就要联系实践。这"实践"可以是自己的思维、言行、阅历，也可以是某种社会表象。把书里的和生活中的结合起来，抒发自己真情的实感，比如说生活中怎么怎么样，我觉得怎么怎么样，我学到了些什么。当然，联系实际也绝不能脱离原文任意发挥，应以写"体会"为主。

当然，在有所感悟的同时必须要处理好"读"与"感"的关系，做到谈论、叙说、抒发三联络。读后感是谈论性较强的读书笔记，要用切身体会、实践经验和生动的案例来说明从"读"中悟出的道理。因而，读后感中既要写"读"，又要写"感"，既要叙说，又有必要说理。

在写作时，可用夹叙夹议的写法，讨论时应重于剖析说理，案例不宜多，引证原文要简练。在结构上，通常在最初归纳式提示"读"，从中引出"感"，在侧重表达感触后，结束时又回扣"读"。

《森林报·春》读后感

今天，我读了一本书，名叫《森林报·春》，这本书的作者是（苏）维·比安基，他是一个喜欢观察的人，在他的眼中，森林中的一切都是有趣的，任何变化都逃不过他们的眼睛。

这本书主要讲了森林里春天的故事。别以为森林里就没有新闻，其实那里可热闹了！春天到了，森林里的动物苏醒了，候鸟们也都要搬家了！就在这时，昆虫正在为过枞树节忙得不亦乐乎：雄峰嗡嗡地飞着，糊涂苍蝇在漫无目的地瞎忙，勤劳的蜜蜂弹拨着一根根纤细的雄蕊，采集花粉……森林里有工作，也有愉快的节日和可悲的事件；森林里有英雄和强盗，飞禽走兽也有喜怒哀乐。

我最喜欢"森林大战"这个片段，太阳晒热了云杉的大球果，球果便发出噼里啪啦的爆裂声，一个接一个地裂开来，落在地上，它们占领了整片空地，之后，白杨树与白桦树因为得到更多明媚的阳光也开始了致命的战斗……但我们都还不清楚：它们能否战胜先到的占领军团——云杉吗？

读了《森林报·春》这本书，我了解了动物们的生活习性，知道了松鼠如何储藏食物留给自己过冬吃，学会了如何分辨鸟的脚印。还让我懂得了大自然的许多奥妙与神奇，使我更加热爱大自然，更加了解大自然，也更想去探究大自然的无穷奥秘！

范文佳作

《森林报·春》读后感

我最喜欢看和森林有关的书了。书中讲述的那些动植物是那么活泼有趣，仿佛把我带进了充满生机的大森林，一切都是那么的自然，那么的奇妙。

最近，我就读了由苏联作家比安基写的一本好书——《森林报·春》，书太好看了，我一口气看完了春季篇。

比安基把森林的春天分为三个独特的月份，分别是冬眠苏醒月、候鸟返乡月和欢歌乐舞月。从 3 月 21 日开始，春天就来了，鸟儿飞了回来，冰雪融化了，森林里开始了表演。这一切美好的事情都被比安基生动地记录了下来，他要让这些小动物永远活在他的书里，他通过他的眼睛和文字向我们展现了森林春天的动人。这真是一位伟大的作家！

书中详细讲述了春天里冰雪的融化、森林里动植物们的歌唱舞会，还介绍了花儿们何时开放、猎人们如何打猎……只要是森林里发生的事情，书里差不多都有描述。我一边读一边想象着书中描绘的场景，恨不得马上走入大森林去一探究竟。大自然太有趣啦！

从书中我明白了：只有热爱大自然的人才会了解大自然。我们只有学会观察，多用心、多思考，这样才能更深入地探寻大自然的奥秘，才会与大自然更亲近呀！

相关链接

《森林报》和《昆虫记》都是非常适合儿童阅读的科普读物，读完了《森林报》，真的很有必要好好看一看《昆虫记》中的动物世界是什么样呢。

《昆虫记》又名为《昆虫世界》《昆虫物语》《昆虫学札记》或《昆虫的故事》，是法国昆虫学家、文学家让–亨利·卡西米尔·法布尔所著的长篇科普文学作品，共十卷。每卷由若干章节组成，是作者对昆虫最直观的研究记录。虽然全文用大量篇幅介绍了昆虫的生活习性，但行文优美、生动活泼，充满了盎然的情趣和诗意，堪称一部出色的文学作品。

法布尔的《昆虫记》以其瑰丽丰富的内涵，影响了无数的科学家、文学家及普通大众。其文学及科学非凡的成就受到举世推崇：大文学家雨果盛赞其为“昆虫世界的荷马”，演化论之父达尔文赞美他是“无与伦比的观察家”，该书影响了许多热爱自然的读者走出象牙塔与自然对话，唤起人们对万物、对人类、对科普、对文学，以及对乡土的深刻省思，被公众认为是跨越领域、超越年龄的不朽传世经典！

读书报告

书名:森林报

作者:____________

作者简介:

____

内容梗概:

____

____

我的摘抄:

____

____

书中让我感受最深的内容:

____

____

这本书引起我的联想:

____

____

我对这本书的疑问:

____

____

我对这本书的评价:

____

____

除了《森林报》,我还读过有关维·比安基的相关著作:

____

____